U0394151

纺织服装高等教育"十二五"部委级规划教材

女装成衣结构设计

·上装篇

侯东昱 编著

东华大学出版社

内容提要

本书为服装专业的系列教材之一，以女性人体的生理特征、服装的款式设计为基础，系统阐述了女西服套装、女衬衫、女背心、连衣裙、女大衣、旗袍、晚礼服的结构设计原理、变化规律、设计技巧，有很强的理论性、系统性和实用性。本书重视基本原理的讲解，分析透彻、简明易懂、理论联系实际、规范标准，符合现代工业生产的要求。

本书图文并茂、通俗易懂，制图采用 CorelDraw 软件，绘图清晰，标注准确，既可作为高等院校服装专业的教材，也可供服装企业女装制板人员及服装制作爱好者学习和参考。

图书在版编目（CIP）数据

女装成衣结构设计·上装篇／侯东昱编著. —上海：东华大学出版社，2013.3
ISBN 978-7-5669-0237-5

Ⅰ．①女…　Ⅱ．①侯…　Ⅲ．①女服—结构设计—高等学校—教材　Ⅳ．① TS941.717

中国版本图书馆 CIP 数据核字（2013）第 048036 号

责任编辑　库东方
封面设计　李　博

女装成衣结构设计·上装篇
侯东昱　编著
东华大学出版社出版
（上海市延安西路 1882 号　邮政编码：200051）
出版社网址 http://www.dhupress.net
天猫旗舰店 http://dhdx.tmall.com
新华书店上海发行所发行　昆山亭林印刷有限责任公司印刷
开本：787×1092　1/16　印张：13.75　字数：345 千字
2013 年 3 月第 1 版　2013 年 3 月第 1 次印刷
ISBN 978–7–5669–0237–5/TS·386
定价：32.00 元

前 言

服装结构设计以体现人体自然形态与运动机能为目的，是对人体特征的概括与归纳。服装结构设计是一门艺术和科技相互融合、理论和实践紧密结合的学科，涉及了人体科学、材料学、美学、造型艺术、数学与计算机技术等各种知识，具有综合性。是以研究服装结构规律及原理为基础，通过服装款式结构的展开分割等方法，构成服装平面结构图为主要内容的一门专业性很强的课程。本教材选取女装结构设计的角度，对服装结构设计的构成原理、构成细节解析、款式变化等方面，进行了系统而较全面地解剖和分析。

近年来，服装结构设计不断发展和深化，服装结构理论正在逐步完善，向着科学化、系统化的方向迈进。服装结构设计作为服装设计的重要组成部分和中心环节，既是款式造型设计的延伸和发展，又是工艺设计的准备和基础，在服装设计过程中起着承上启下的作用，是实现设计思想的根本，是服装设计人员必备的业务素质之一。

随着我国服装产业的发展，服装加工技术的日新月异，现代服装的造型千变万化、层出不穷；而优美的服装造型、赏心悦目的时装源自完美而精确的版型，所以服装制板技术是服装造型的关键。随着科学技术的飞速发展，在我国出现了多种服装结构设计的方法，包括传统的比例法、日本原型法，立体裁剪法、数字法等。服装结构设计的发展主要体现在以下几个方面：①对人体尺寸的计算和测量、统计和分析；将结构设计提高到理论的高度；注重服装穿着后的舒适性。服装结构设计的依据，不是具体款式的数据和公式，而是具有普遍代表性的标准人体。在服装产品设计中决不能忽视人的因素，要把人和服装视为一个不可分割的统一体，这样才能使服装发挥最佳实用功能，带来更大的经济效益。②依据人体运动的科学性，研究人们在不同场合下的活动特点和心理特点，通过试验将更合理的结构运用到服装中，使服装更加舒适、美观。③将理论和实践相结合，综合比较比例法、原型法和传统立裁法三种制图方法，灵活运用，扬长避短。④在结构设计时考虑款式设计和工艺设计两方面的要求，准确体现款式设计师的构思，在结构上合理可行，在工艺上操作简便。

本书通过了解女装规格及参考尺寸和学习胸凸量的解决方案，使读者全面地理解和掌握女装结构设计方法。详细阐述了各类女装结构变化规律和设计技巧，具有较强的理论性、系统性和实践性。书中共八章，包括女西服套装、女衬衫、连衣裙、女大衣、旗袍、晚礼服的结构设计原理、变化规律、设计技巧。本书内容从服装结构设计的基本概念着手，由浅入深，循序渐进，内容通俗易懂，以中国女性人体特征为主，每个章节既有理论分析，又有实际应用，以经典款式作为结构设计范例，详细分析讲解，使其更加符合现代工业生产的要求，为我国服装产业的提升与技术进步及增强服装国际竞争力有着积极的意义。因此它适宜服装专业人员和业余爱好者系统提高女装结构设计的理论和实践能力；更适宜作为服装大中专院校的专业教材。本书的另一特点是用 CorelDRAW 软件按 1:5 的比例进行绘图，以图文并茂的形式详细分析了典型款式的结构设计原理和方法。

在书中制图等编写过程中河北科技大学研究生学院设计艺术学专业服装设计及理论方向研究生东谦、李鹏做了大量工作，在此表示感谢。

在编著本书的过程中参阅了较多的国内外文献资料，在此向文献编著者表示由衷的谢意！

书中难免存在疏漏和不足，恳请专家和读者指正。

编　者

2013 年 2 月

目录

参考文献 207

第一章 女装成衣结构设计的基础方法

【学习目标】

　　1. 掌握女装胸凸量的解决方案；

　　2. 掌握女装胸腰差的解决方案。

【能力目标】

　　1. 能根据不同女装款式设计胸凸量的解决方案；

　　2. 能对女性人体的胸腰差量进行合理的分配。

第一节 女装纸样设计中重点——胸凸量的解决方案

　　人体结构中，胸围线、腰围线、臀围线应为三条平行线，但由于女性胸凸量的客观存在，在上衣基本纸样中前后片腰线并不串在一条直线上，前片腰线部多出一部分胸凸量，但初学者常常误以为前腰线与后腰围线是一条线，在制图时，往往把胸凸量直接去掉。这样人体着装后，会造成前短后长的问题。如果将前衣片的腰线与后腰线放在同一条水平线上，就会造成前后片侧缝的长度不一致。保证胸围线和腰围线的平行状态，解决腰线在不同款式中的对位，是成衣设计的第一步，如图 1–1 所示。腰线的对位状态直接影响成衣的外观效果，解决成衣设计有紧身——适体——宽松的变化过程，除进行围度尺寸加放外，还要考虑胸凸量在纸样设计中的重要性。

　　下面通过五种情况来分析纸样成衣设计中腰线对位所得到的成衣造型效果。

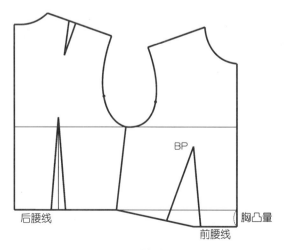

图 1–1　原型的前后腰线状态

一、紧身型服装胸凸量的纸样解决方案

以肩省结构女西服为例。

制图方法：绘制后衣片，然后将前片腰线与后腰线放在同一条水平线上，在前衣片肩线上作肩省，将全省量完全转移到肩省，转移后，前腰线转移到后腰水平线以下，变成向下弯折的曲线结构，与腰线以下的结构部分重叠。在该结构的设计上，为保证腰线以下的裁片侧缝长相等，要由后腰线向下进行结构设计。由于人体的体态，在紧身结构中腰线部位出现的重叠结构会使此类型服装在款式上出现一条腰部的分割线。

在图1-2中，肩省解决后在腰部的全省量全部转移到肩部，在腰部除基本需求量以外并无放松量；本款式就通过肩省解决了胸部的所有余缺量而成为紧身结构服装，作为单独省量的转移在成衣中出现通常在西服套装中不会使用，而在晚礼服的设计和时装款式作为褶的形式出现较多。

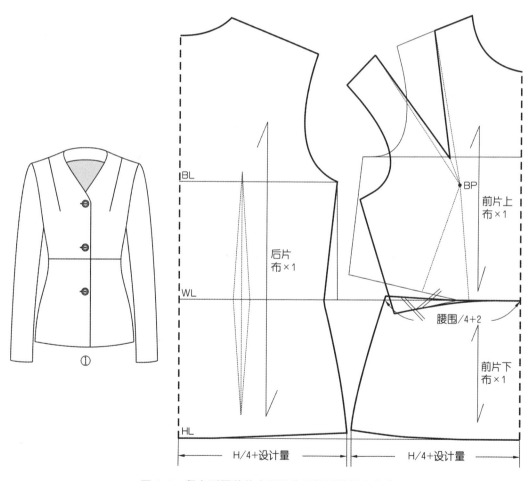

图1-2 紧身型服装款式图及胸凸量纸样解决方法

二、适体型服装胸凸量的纸样解决方案

以肩省结构女西服为例。

制图方法：绘制后衣片，然后将前片腰线与后腰线放在同一条水平线上，在前衣片肩线上作肩省，将胸凸省完全转移到肩省，转移后，前后腰线呈现出水平状态，前后侧缝线对位相等。胸凸省是全省的一部分。

在图1–3中，肩省解决后在腰部的全省量就剩下胸腰差量和设计量，如果不解决胸腰差量和设计量，该量就放在腰部尺寸作为放松量；如果解决胸腰差量和设计量，本款式就解决了胸部的所有余缺量而成为紧身结构服装，这种款式结构是西服套装常采用的结构设计形式之一，常见的公主线结构和刀背线结构都是采用适体型服装胸凸量的纸样解决方案，与紧身型服装胸凸量的纸样解决方案不同的是该款式腰部并无分割线设计。

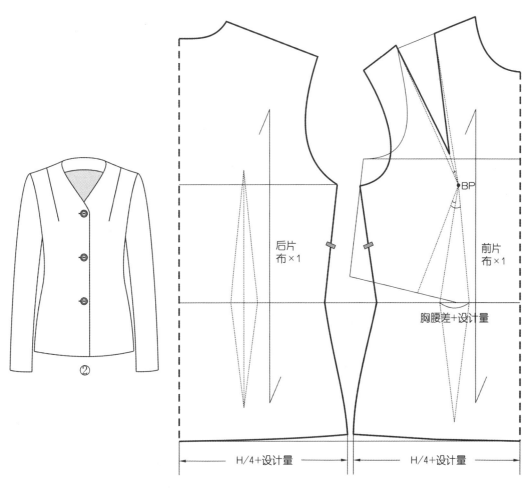

图1–3　适体型服装款式图及胸凸量纸样解决方案

三、较宽松型服装胸凸量的纸样解决方案

以肩省结构女西服为例。

制图方法：绘制后衣片，然后将前片腰线与后腰线放在同一条水平线上，在前衣片肩线上作肩省，把胸凸省部分转移到肩省。转移后，前后腰线不在一条水平线上，前后侧缝线也不能对位相等，因此需要延长前侧缝线至腰线，保证前后腰线在一条水平线上。但这样会出现前侧缝线比后侧缝线长的问题，因此需要修正挖深袖窿，使前后侧缝线长度相等，如图1-4所示。

在图1-4中可以看出，肩省解决后在腰部的全省量还剩下胸凸量、胸腰差量和设计量，该量就放在腰部尺寸作为放松量，使腰部的放松量加大。也就是说当施用大于胸凸省的任何一种省量都不会出现前后腰线和侧缝线的错位问题，只有前片施省小于胸凸省量时，才会出现前后腰线和侧缝的错位。这种情况下，原则上后腰线要同前片最低的腰线取平，使胸凸量仍归于胸部，也就是说，纸样中虽然没有把胸凸量用完，但胸凸量是客观存在的，应把没有做完的那一部分胸凸量保留。但同时也会出现前后侧缝错位的情况，这时应以后侧缝线为准，开深修顺前袖窿曲线，由于胸凸量没有完全解决，该种结构的西服套装合体程度较差，属于较宽松型服装胸凸量的纸样解决方案，是常见的西服套装结构设计方法之一。

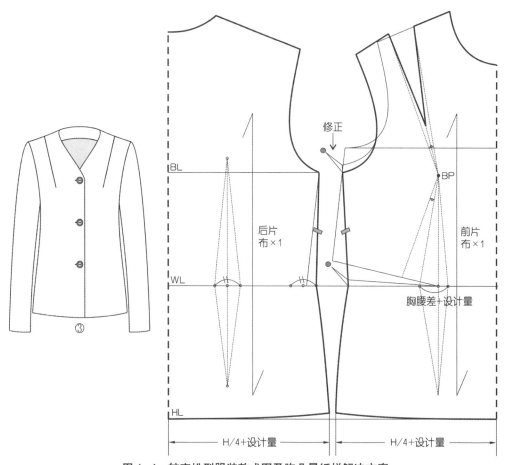

图1-4　较宽松型服装款式图及胸凸量纸样解决方案

4

四、宽松型服装胸凸量的纸样解决方案

制图方法：本款式为直身型宽松款结构的服装，不用考虑省量的设计。首先绘制后衣片，将前片腰线与后腰线放在同一条水平线上。需要说明的是，人体的胸凸量是客观存在的，宽松款服装的胸凸量是必须考虑的因素，前后腰线在一条水平线状态时，前后侧缝线不能对位相等，宽松服装要开深袖窿深度，直接挖深前袖窿，使前后侧缝线长度相等，如图 1-5 所示。

在图 1-5 中可以看出，由于胸凸量的客观存在，前袖窿开深在宽松服装中会较大，这也宽松服装款式造型的设计方法。

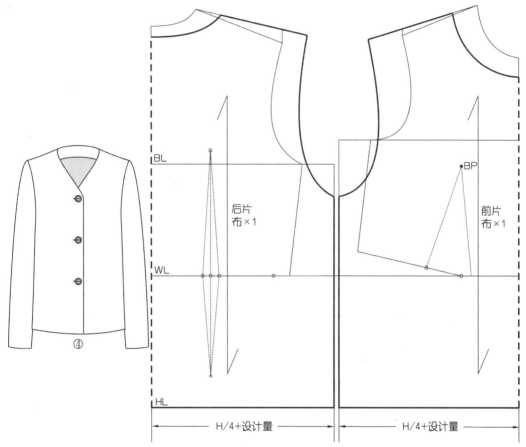

图 1-5　宽松型服装款式图及胸凸量纸样解决方案

五、通常西服套装胸凸量的解决方案

通常西服套装胸凸量的解决方案实际上是较宽松型服装胸凸量的纸样解决方案的延伸设计方法，在实际应用时，由于造型的需要，使用胸凸量往往是保守的，否则胸部造型显得不丰满。因此在作胸省后，无论前腰线剩余胸凸量有多少，后腰线都要以余量的一半作前后片实际腰线的对位标准。这种规律在不通过胸点的结构设计中也是适用的，款式的区别在于，剩余的胸凸量要在前片的下摆处补正，不能去掉，因此，前衣片的长衣下摆呈现为前长后短

的成衣状态，下摆在结构制图中就要考虑与后片下摆的圆顺处理，如图 1–6 所示。

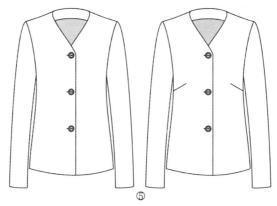

⑤

图 1–6　通常西服套装款式图

通常西服套装的腰线对位，是采用胸腰差作省，其直线的分割位置就不一定通过胸点，对位应以前腰线胸凸量 1/2 为准。根据成衣的效果有两种成衣的结构效果。

（1）腋下无省结构处理

成衣的结构处理是将前袖窿剩余的胸凸量部分修正消减掉。这种设计在成衣设计中直接加腰省解决胸腰差，强调腰曲线造型，而不考虑女性的胸部造型，有意消弱胸部的曲度。成衣的外观比较像男式的廓形状态，如图 1–7 所示。

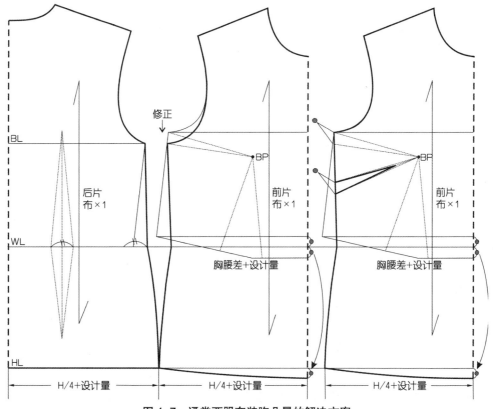

图 1–7　通常西服套装胸凸量的解决方案

（2）腋下有省结构处理

如果想要达到既强调腰部曲线又突出胸部的造型，就可以利用侧缝结构线加胸凸省的组合设计，如图1-7所示。

两种造型结构不同之处在于前者未作胸凸省，前后腰线对位，以前腰线胸凸量1/2为准，使前袖窿加深，胸部显得宽松；后者是通过胸凸省的转移来取得前后腰线的平衡，前袖窿深度不变。

第二节　女装纸样设计中重点——胸腰差的解决方案

一、胸腰差的形成原理

女性体型特征构成了服装基本结构（原理）：女性体型腰部呈圆柱形，腰围线以上由前胸部、后背部、侧肩部等球形面组合成上部体型；腰围线以下由前腹部、侧胯部、后臀部等球形面组合成下部体型。体型不相同，各部位球形面的凸凹量也不相同，省量同样出现差异。精确处理省量和服装整体结构之间的平衡，确保经过细部造型的处理，达到与着装体型相吻合及修饰体型的最佳效果，并且需要保证服装功能性的活动舒适。如果服装整体结构之间的平衡和细部造型处理不到位，就会出现很多问题。

将面料包裹在人体上，在胸腰的部位要仔细看人体的形态所形成的胸腰差，我们会发现，人体的胸腰差实际和我们想象的会有不同，通常初学者往往会认为女性的胸凸量较大，胸腰差较大的会是前胸部，而实际上由于人体的平衡原理,胸腰差较大出现在背部，如图1-8所示。

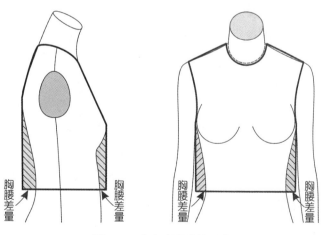

胸腰差量　胸腰差量　　胸腰差量　胸腰差量

图1-8　上衣胸腰差的形成

腰省的设定基础是当视线面向站立人体，且人体基本上呈现平衡的状态时，人体外包围在腰部形成的差量，人体上半身的突出点包括胸点、前腋点、后腋点和肩胛点，在腋下附近，没有十分明显的突点位置。省道是将平面面料转化为复杂曲面的过渡型的重要构成手段之一，腰部的省在人体前、后、侧各个位置上，形状和大小各不相同。外包围所形成的省道在人体的位置，如图 1–9 所示。

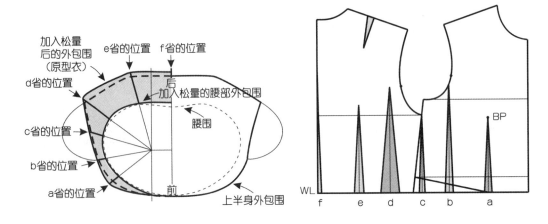

图 1–9　原型胸腰差比例分配（腰省分配率为，f: 7%，e: 18%，d: 35%，c: 11%，b: 15%，a: 14%）

二、胸腰差在不同款式中的解决方法

　　服装款式由省或结构分割线和塑造体型的轮廓线共同组成，省和结构分割线是造型轮廓线的基础，不同类别服装款式需要同时完成省或结构分割线与造型轮廓线的设计，才能构成服装款式的变化。根据人体的平衡原理，人体的胸腰差在不同的位置所形成的差量是不同的，对腰省量合理设计就要依据人体的体态。从标准原型胸腰差的形态，我们可以准确地看出胸腰差量的比例分配。仅就腰省而言，可以看出后衣片的总省量应该远大于前衣片，理解这一点对于服装结构的设计十分重要。

　　根据款式要求解决好胸凸量后，胸腰差比例分配是成衣设计的第二步。

　　在成衣的结构设计上胸腰差的解决不会这么复杂，在结构设计上根据该款式需求，解决胸腰差可以是省道结构，也可以是分割线结构，通常是两种：

　　第一种是省道结构，成衣其胸腰差的解决部位是后腰省、后侧缝线、前侧缝线、前腰省；

　　第二种是分割线结构，成衣其胸腰差的解决部位是后中心线、后公主线（刀背线）、后侧缝线、前侧缝线、公主线（刀背线），如图 1–10、图 1–11 所示。

　　设定好胸腰差的位置后就要按照腰省分配率，合理分配胸腰差值。胸腰差较大。

　　以 160/84A 号型的服装为例，胸腰差为 16cm，在服装结构制图中采用 1/2 状态，因此本款式的胸腰差分配采用 1/2 状态，8cm 胸腰差的比例分配方法在工业成衣生产中并无定律，可根据款式需求设计，在实际成衣制作中要考虑人体状态，如人体是圆体或扁体等。

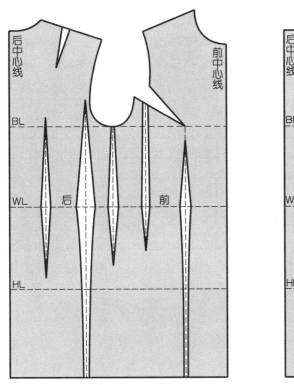
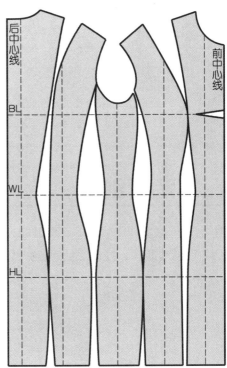

省道形式   分割线形式

图 1-10　胸腰差在结构设计上的两种形式

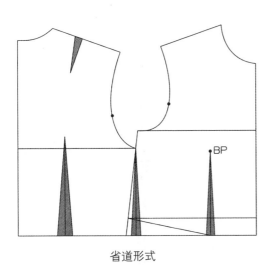
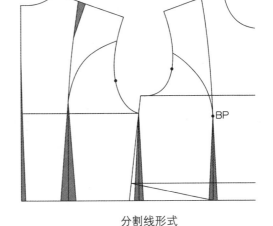

省道形式   分割线形式

图 1-11　胸腰差在成衣结构设计上的两种形式

　　胸腰差由五处来进行分解。后中心线、后分割线、后侧缝线、前侧缝线、前分割线，分配方法见表 1-1 所示。

表 1-1　胸腰差比例分配　　　　　　　　　　　　　　　　　　　　单位：cm

尺寸 \ 部位	后中心线	后刀背线	后侧缝线	前侧缝线	前刀背线	1/2胸腰差量
胸腰差值	1	3	1.25	1.25	1.5	8
	1		1	1	2	8
	1	2.5	1.25	1.25	2	8
	1	2.5	1	1	2.5	8
	0.5	3	1	1	2.5	8
	0.5	2.5	1.5	1.5	2	8
	0.5	3	1.25	1.25	2	8
	0.5	3	1.5	1.5	1.5	8

① 后中心线。按胸腰差的比例分配方法，在腰线收进 1cm，再与后颈点至胸围线的中点处连线并用弧线画顺，要保证后领口弧线与后中心线在领口处垂直，如图 1-12 所示。

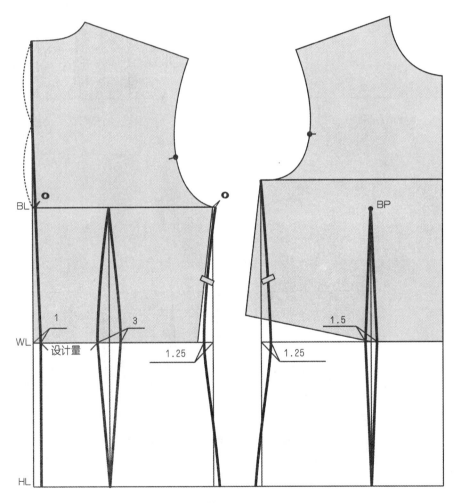

图 1-12　刀背结构西服胸腰差的比例分配

② 后分割线。按胸腰差的比例分配方法，由后腰节点开始在腰线上取设计量值 7 ~ 8cm，取省大 3cm，从后分割线省的中点作垂线画出后腰省，如图 1–12 所示。

③ 后侧缝线。按胸腰差的比例分配方法，由腰线和胸围线的交点收腰省 1.25cm，后侧缝线的状态要根据人体曲线设置，并测量其长度，人体的侧缝差较大，但在成衣设计中还要考虑臀腰差的关系，不能将侧缝的胸腰差量设计得过大，如图 1–12 所示。

④ 前侧缝线。按胸腰差的比例分配方法，由腰线和胸围线的交点收腰省 1.25cm，前侧缝线的状态同样要根据人体曲线设置，并根据后侧缝长由腰线向上取后侧缝长，如图 1–12 所示。

⑤ 前分割线。由 BP 点做垂线至下摆线，该线为省的中线，在腰线上通过省的中心线取省大 1.5cm，如图 1–12 所示。

思考题

1. 根据女装标准原型的计算方法推算制作自己的原型样板。

2. 设计五种不同款式的胸凸量解决方案。

第二章　女西服套装结构设计

【学习目标】

1. 掌握女西服套装的分类和对材质的分析；
2. 熟练掌握紧身、适体、宽松女西服套装各部位尺寸的加放方法；
3. 熟练掌握女西服套装的结构制图方法；
4. 熟练掌握女西服套装中胸凸量的转移方法和胸腰差量的分配方法。

【能力目标】

1. 能根据女西服套装的具体款式进行材料的选择，并能进行各部位尺寸设计；
2. 能根据具体款式进行女西服套装的制板；
3. 能对不同西服套装进行工业制板。

第一节　女西服套装概述

一、女西服套装的产生与发展

套装是指一套组合搭配的服装。男式西服套装往往是由上装、背心、裤子组合而成，女式西服套装往往由上装、背心、裙子（裤子）组合而成。

19世纪末，上衣和长裤用同质同色的面料做成"套装"时，欧美人又称其为"外出套装"（Town Suit）。在20世纪，又因为这种套装多为活跃于政治、经济领域的白领阶层穿用，故也称作"工作套装"或"实业家套装"（Bussiness Suit）。20世纪40年代，女西服外套采用平肩的掐腰，但下摆较大，在造型上显得比较优雅。20世纪50年代的前中期，女西服外套变化较大，主要变化是由原来的紧身型造型改为宽松型造型，女西服外套长度加长、下摆加宽，领子除翻领外，还有关门领，袖口大多采用另镶袖，并自20世纪50年代中期开始流行连身袖，造型显得稳重而高雅。20世纪60年代中后期，女西服外套变大，多为直身造型，长度到臀围线上，袖子流行连身袖；女西装裙的臀围与下摆垂直，长度达膝盖；裤子流行紧脚裤和中等长度的女西裤。女西服外套总体具有简洁而轻快的风格。20世纪70年代前期女装流行短裙，后期则有所加长，下摆也较大。20世纪70年代末期至80年代初期，西装又有了一些变化。女西装流行小领和小驳头，腰身较宽，底襟下摆一般为圆角，下装大多配穿较长并且下摆较宽的裙子，造型古朴典雅并且带有浪漫色彩。

二、女西服套装的分类

女式西服套装源于男西服，大多数套装的名称是从西服的形态而来，常根据外表印象命名，比较难下定义。在此，按照西装的件数、搭门、款式、饰物、面料等进行大体分类。

1. 按西装的件数分类

按西装的件数来划分，分单件西装、两件套西装、三件套西装。通常西服套装，指的是上衣与裤子成套，其面料、色彩、款式一致，风格相互呼应。按照人们的传统看法，三件套西装比两件套西装更显得正规一些。到 21 世纪，女性的三件套已经发展成为西装、背心、裙子，而随着季节变化的不明显，短裤在很多时候也代替了长裤的位置。

2. 按西装的搭门分类

① 单排扣西服套装：左右前衣身叠合，前身搭门较窄，有一排纽扣的上装组合的西服总称。

② 双排扣西服套装：左右前衣身叠合较多，有两排纽扣的上装组合的西服总称。

③ 不对称式西服套装：前身的搭门左右不对称的套装的总称。

三、女西服套装的部位名称

女西服套装的部位名称如图 2-1 所示。

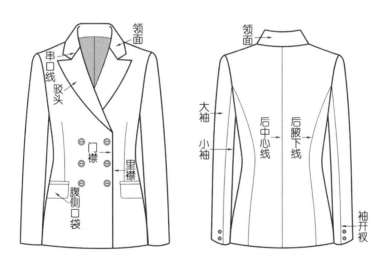

图 2-1　女西服套装的部位名称

四、衣身的轮廓线与构成

紧身西服或宽松西服的整体感觉，是由衣身横向加放的松量决定的。肩宽、胸围、臀围、下摆形态、领子、袖子等各自不同的款式会构成不同的轮廓造型，图 2-2 所示由左至右依次为直线轮廓、半合身轮廓、合身轮廓的着装造型状态。

图 2-2　衣身轮廓着装状态

五、女西服套装面料、辅料简介

1. 面料分类

女西服套装所用面料分为如下几种：

（1）纯化纤织品：纯涤纶花呢、涤黏花呢、针织纯涤纶、麦尔登、海军呢、制服呢、法兰绒。

（2）混纺织品：涤毛花呢、凉爽呢、涤毛黏花呢。

（3）全毛织品：华达呢、哔叽、花呢、啥味呢、凡立丁、派立司、女衣呢、直贡呢。

2. 辅料分类

女西服套装所用辅料包括里料、衬料、袖口纽扣、垫肩、袖棉条等。

（1）里料

里料可按其组成、组织、幅宽的不同进行分类。

① 按组成可将其分为：纺绸、涤纶、锦纶、黏胶丝、醋酯纤维、绸缎、化纤织物以及棉混纺织物等。

② 里料按其组织不同分为平纹、斜纹、缎纹、针织等。

③ 里料的幅宽一般分为 92cm、112cm 和 122cm 三种。

里料的选定与面料有着直接的关系，根据女西服套装的款式，面料的材质、厚度、花型以及季节等因素，会选用不同的里料来与套装相匹配。套装一般使用与面料同色系的里料。

（2）衬料

衬料的选用可以更好地烘托出服装的廓形，根据不同的款式可以通过增加衬料的硬挺度，防止服装衣片出现拉长、下垂等变形现象。

① 黏合衬的种类：无纺黏合衬、布质黏合衬、双面黏合衬。

② 黏接的部位：女西服套装款式及面料的不同，决定了黏接的部位和不同衬里的使用。前身用的黏合衬应选用保型性好、厚度适当、挺括而又不破坏手感的黏合衬。

③ 黏合牵条：把黏合衬做成条状（宽度 1 ～ 1.5cm），按西服制作目的分别使用。比如前门止口处常采用直丝牵条，可以抑制布料伸长；领子和袖窿部位采用 6° 斜丝牵条和半斜丝牵条，使衣片的形态更加稳定。

（3）袖口纽扣

在大多数的西装上衣袖口处，均钉 2 ～ 4 枚小纽扣作装饰，这对窄而短的西装袖来说有调节、放松的作用。

（4）垫肩

1）垫肩是西装造型的重要辅料，对于塑造衣身造型有着重要的作用，如图 2-3 所示。

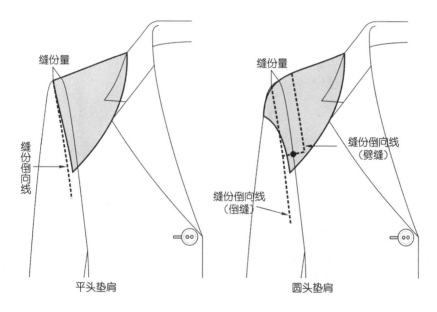

图 2-3　垫肩着装后的形态

垫肩可按其形态、肩端厚度不同进行分类。垫肩的形态，如图 2-4 所示。

① 平头垫肩是绱袖子用的一般性垫肩，可形成棱角分明的肩。

② 圆头垫肩是使肩端角度浑圆的垫肩，可形成自然的圆形肩。

③ 龟背形垫肩用于插肩袖，是使肩端显得挺括的圆弧覆盖物。

平头垫肩的缝份倒向袖子。圆头垫肩的缝份从肩点向下沿前后袖窿各取 10cm 左右，经过肩点的两点间缝份距离作劈缝处理，这两点之下的缝份作倒缝处理，倒向袖子方向。根据款式造型的不同会出现两种不同的工艺处理，立体肩造型采用的是平头垫肩，袖窿吃量较大，为 4 ～ 6cm；圆顺肩造型采用的是圆头垫肩，圆头垫肩的成衣在袖窿部分有一段做了劈缝处理，其袖窿吃量较小，为 2.5 ～ 4cm。

2）垫肩的肩端厚度。垫肩肩端厚度有 0.5cm、0.8cm、1.0cm、1.5cm、2.0cm、2.5cm 等几种。

（5）袖棉条

为了很好地保持绱袖的袖山头形状，在里面支撑袖子吃缝量的零部件叫袖棉条。袖棉条面料有适度的弹性，如果是中等厚度的面料，可把同一面料的斜条布作为袖山条使用。市场上出售的袖棉条由麻衬和聚酯棉以及毛衬组合而成，丰实而具有弹性。

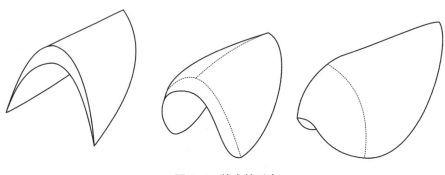

图 2-4　垫肩的形态

六、女西服里子的样式

女西服的里子有四种样式，分别是全衬里、全身半衬里、后身半衬里、前身整里后身半衬里，如图 2-5 所示，也有不使用里子的单层制作的西服。

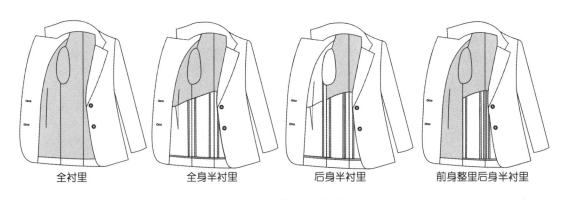

全衬里　　　　　全身半衬里　　　　　后身半衬里　　　　　前身整里后身半衬里

图 2-5　女西服里子的样式

七、领口造型

领口指衣服颈围的轮廓线，属于款式设计，可以根据款式来调整、设定，领口造型一般分为圆领口、U 形领口、方领口、V 形领口，如图 2-6 所示。

图2-6 领口造型

八、女西服领的种类

按其款式不同，女西服领可分为平驳头领、豁口戗驳头领、戗驳头领、青果领等，如图2-7所示。

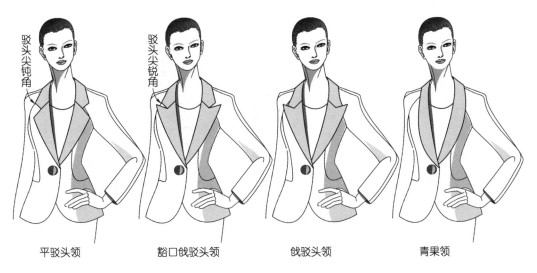

平驳头领   豁口戗驳头领   戗驳头领   青果领

图2-7 女西服领的种类

九、女西服各部位名称

女西服各部位的名称，如图2-8所示。

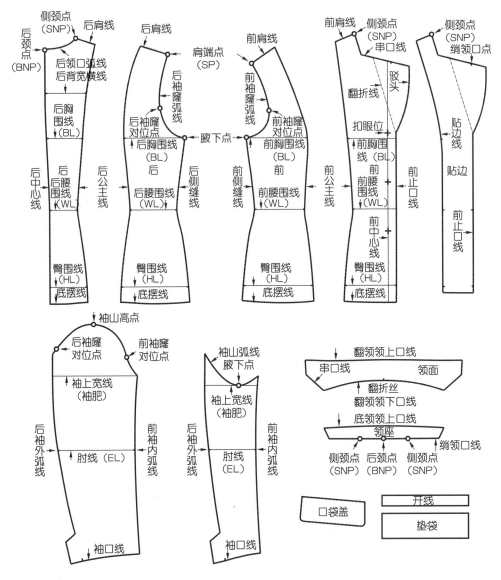

图 2-8　女西服各部位的名称

第二节　公主线结构西服设计实例

一、款式说明

本款服装为公主线西服,造型简约,高贵端庄。修身版型,腰部收腰处理,底摆较贴合臀部,能很好地修饰体型。衣领为一片翻领,与公主分割线相结合绱领;肩型为自然肩型;前衣襟底摆为直摆,如图 2-9 所示。

公主线结构最能突出女性的人体结构,是本款式西服结构设计的重点。

面料既可使用春夏季薄面料，也可采用驼丝锦、贡丝锦等精纺毛织物及毛涤等混纺织物，手感柔软舒适，保形性优良，吸湿透气性好；也可使用化纤仿毛织物，相比单一成分的面料，混纺面料集合了各种纤维的优良性能。涤纶面料强度高、弹性好、挺括丰满、不易起皱，并且易洗快干、免熨烫、洗可穿性能优良；黏胶纤维吸湿透气性优良、悬垂性好、手感柔软、光泽柔和；里料为100% 醋酸绸，属高档仿真丝面料，色泽艳丽，手感爽滑，不易起皱，保形性良好；并用黏合衬做成全衬里。

① 衣身构成：分割线过人体的凹凸点，属于四片分割线造型的八片衣身结构，衣长在腰围线以下 20 ～ 24cm。

② 衣襟搭门：单排扣，下摆为直摆。

③ 领：一片翻领，领子与公主分割线相结合的结构设计。

④ 袖：两片绱袖，有袖开衩，袖衩为可以开合的设计。

⑤ 垫肩：1cm 厚的包肩垫肩，在内侧用线襻固定。

二、面料、里料、辅料的准备

1. 面料

幅宽：144cm 或 150cm、165cm。

估算方法为：（衣长 + 缝份 10cm）×2 或衣长 + 袖长 + 10cm，需要对花对格时适量追加。

2. 里料

幅宽：90cm 或 112cm。

估算方法为：衣长 ×3。

3. 辅料

① 厚黏合衬。幅宽：90cm 或 112cm，用于前衣片、领底。

② 薄黏合衬。幅宽：90cm 或 120cm（零部件用）。用于侧片、贴边、领面、后背、下摆、袖口以及领底和驳头等部位的加强（衬）。

图 2-9　公主线结构西服效果图、款式图

③ 黏合牵条。直丝牵条：1.2cm 宽；斜丝牵条：1.2cm 宽，斜 6°；半斜丝牵条：0.6cm 宽。

④ 垫肩。厚度：1cm，绱袖用 1 副。

⑤ 袖棉条。1 副。

⑥ 纽扣。直径 2cm 的 4 个（前搭门用）；直径 1.2cm 的 4 个（袖开衩用）；垫扣，直径 0.5cm 的 4 个（前搭门用）。

三、作图

准备好制图的工具，包括测量尺寸、画线用的直角尺、曲线尺、方眼定规、量角器及测量曲线长度的皮尺。

作图纸选择的是四六开的牛皮纸（1091mm×788mm），易于操作并且大小合适，制图时要选择纸张光滑的一面，以方便擦拭，避免纸面起毛破损。

制图线和符号要按照制图要求正确画出，规范标准，让所有的人都能看明白，这是十分重要的。

1. 确定成衣尺寸

要制作合体的衣服，有必要正确地测量人体的尺寸，测量尺寸的方法参看《女装成衣结构设计·部位篇》第一章。

成衣规格表的设计一般是在样衣完成后，服装号型只表明人体尺寸，作为成衣规格设计的基础依据和消费者选购服装的参照依据。成衣规格表的设计应按照样衣的规格（通常是中间体号型的），结合造型款式的设计效果选用适当的号型系列（通常合体型的选用 5.4 系列），加入与造型设计效果相对应的三围宽松量，并计算出各控制部位，各档长度、宽度尺寸的档差，编制成表。凡是三围宽松量和长度尺寸变化较明显的成衣都得专门设计规格表，但是变化不大的成衣可以套用造型（宽松量）相近的规格表，有相当多的加工型企业直接使用订货方提供的规格表，标准化概念与成衣规格表设计的概念并不矛盾，成衣（尤其是流行女装）规格必须适应服装造型的变化，往往有多种放松量的增减，这已经是国际惯例；国家标准服装号型则是为成衣规格的设计提供基础人体数值的依据。服装号型应标准化，在一定的年份里（如 5～10 年）是不变的，而成衣规格根据流行随时都在变化。这两者的关系有些类似原型与服装板型的关系。

设计成衣规格表时，先在中间号型这一栏里填写从中间体号型样衣板型上量取的规格数值，然后再逐档计算、设置并填入其他各档的数值，设计成衣规格。

所设计的规格表是供总检及订货方验货用的。制板师往往还要在这张表的基础上加入面料的缩水率或热缩率（缩水率或热缩率可以通过试验获得，亦可以参考专业的服装材料学书籍），再设计一张推板专用的规格表以确保验货时规格的准确。也有一些需要多次使用的板型，因为每批裁剪布料的缩率往往各不相同，在打板时要根据测试的结构加出缩率。

成衣规格：160/84Y，依据是我国使用的女装号型标准 GB/T1335.2—2008《服装号型　女子》。基准测量部位以及参考尺寸，如表 2-1 所示。

表 2-1　公主线结构西服成衣系列规格表　　　　　　　单位：cm

规格 ＼ 名称	衣长	袖长	胸围	（腰围）	（臀围）	下摆大	袖口	袖肥	肩宽
155/80(S)	58	56	92	73	98	104	23	32	37
160/84(M)	60	57	96	77	106	108	24	33	38
165/88(L)	62	58	100	81	110	112	25	34	39
170/92(XL)	64	59	104	85	114	116	26	36	40
175/96(XXL)	66	60	108	89	118	120	27	37	41

2. 制图方法

① 衣长。衣长是指后衣长，在实际的工业生产中，衣长的确定方法通常根据款式图——依据袖长与衣长的比例关系来确定衣长的长短（因为尺骨点与臀围线在一条水平线上，可以作为参照依据，这是初学者必须掌握的基本方法）。该款式为中长上衣。衣长在臀围线附近是上衣常采用的长度，也是西服套装中常见的长度；也可以站着测量，即从后颈点到地面距离的 1/2 为最佳。对于较矮的人，上装的下摆可以从臀围处上移 1.5cm 左右，会使腿显长、身材匀称。不同长度的衣服，其后衣长档差的差异必须按下列公式计算获得：

（样衣后衣长 ÷ 中间体号型身高）× 身高档差 = 后衣长档差（计算结果只保留小数点后一位数，有时还要适当调整至便于品检测量的数值）。

也可以按照此公式计算：西装的衣长 = 身高 ×（0.43 ～ 0.45）

② 袖长。袖长尺寸的确定是由肩点到虎口上 2cm 左右。款式为春秋套装，采用 1 ～ 1.5cm 的垫肩；袖长增加度要注意，制图中的袖长约为：测量长度 + 垫肩厚度。

（样衣袖长 ÷ 中间体号型身高）× 身高档差 = 袖长档差，一般长袖的档差为 1cm。

③ 胸围。成品胸围：将样衣的成品胸围按号型系列里的胸围档差适当增减编制成表。通常合体服装胸围档差为 4cm。公式：

成品胸围（B*）= 净胸围（B）+ 基本放松量（6）+ 2πI（内着装厚度）+ K

该款式为紧身春夏装，胸围的加放首先考虑的是：人体胸部的呼吸量能使胸围增加 4cm，人体进行前屈的活动使胸围约增加 2cm，即基本放松量 6cm。

I 是指内穿衣服的厚度所需间隙松量，π = 3.14。I：内层衣物厚度。如羊毛衫 0.27cm、毛衣 0.54cm、衬衣 0.1cm、涤腈纶衬 0.2cm、秋衣 0.2cm、棉衣 50g 加 1.5cm。

K 是指成衣周围与体围之间能形成的平均间隔量，它是内衣厚度和人体活动及舒适所必需的度量的两部分相加而成量，如下：紧身衣（负量 - 0）；衬衣 1.5cm；上衣 2cm；茄克 3cm；风衣 3.5cm；大衣 4.5cm。

成品胸围 B = 84（净胸围）+ 6 + 2πI（衬衫）+ 3（胸衣厚）+ 1 ～ 1.5（衬衫厚）+ 2 = 96 ～ 100(cm)

④ 腰围。在工业生产制图中，腰围的放松量不要按净腰围规格加放，在制图规格表中可以不体现；根据号型规格的胸腰差（Y/A/B/C）制定即可，Y 体的胸腰差为 19 ～ 24cm。以 160/84Y 为例，当胸围尺寸固定值为 97cm 时，利用 Y 体的胸腰差为 19 ～ 24cm 可得到 Y 体的腰围范围值为 73 ～ 78cm。

成品腰围 W = 96 − 19 = 77(cm)

合体服装需要设置"成品腰围"，半宽松及宽松服装通常不设置"成品腰围"。可将样衣的成品腰围按号型系列里的腰围档差适当增减编制成表。

⑤ 臀围。在工业生产制图中，臀围的放松量不按净臀围规格加放，在制图规格表中可以不体现，臀围值往往是由胸围值根据款式要求加放尺寸，但初学者必须根据臀围尺寸设计下摆的尺寸。成品臀围是将样衣的成品臀围按号型系列里的臀围档差适当增减编制成表。人体的臀围档差稍小于胸围档差，但在成衣规格表中一般可以模糊处理，让臀围与胸围同值增减，以方便推板、制衣工艺及品检的可操作性，至于由此产生约 1 ～ 2cm 的累积性误差在多数情况下可以忽略（因其对服装造型效果及合体性影响甚微）。

⑥ 下摆大。在工业生产制图中，下摆尺寸即成衣的下摆大小，成衣下摆大是设计量值，往往根据款式需求而定，但需要制图人员有一定经验，如果没有经验就要根据臀围值加放。

⑦ 袖口。袖口尺寸为掌围加松度，西服通常为 22 ～ 26cm。

⑧ 肩宽。成衣的肩宽为水平肩宽，在纸样设计时需要加放尺寸。

也可以按照此公式计算：肩宽 = 衣长 ×0.618（黄金分割比）。

2. 制图步骤

公主线结构西服属于八片结构套装典型基本纸样，这里将根据图例分步骤进行制图说明。

第一步 建立成衣的框架结构：确定胸凸量（横向）

结构制图的第一步十分重要，要根据款式分析结构需求，无论是什么款式第一步均是解决胸凸量的问题。

① 作出衣长。由款式图分析该款式为紧身西服，后中心线垂直交叉画出腰围线，放置后身原型，由原型的后颈点，在后中心线上向下取衣长，画水平线，即下摆辅助线。

② 作出胸围线。由原型后胸围线画水平线。

③ 作出腰线。由原型后腰线画水平线，将前腰线与后腰线复位在同一条线上。

④ 作出臀围线。从腰围线向下取腰长，画水平线，成为臀围线。以上三条围线是平行状态。

⑤ 腰线对位。腰围线放置前身原型采用的是适体型胸凸量解决方案，建立合理公主线西服结构框架，如图 2–10 所示。

⑥ 解决胸凸量。由袖窿线绘制公主结构线，并剪开到 BP 点，合并腋下胸凸省量，将其转化为袖窿的胸凸省量，如图 2–11 所示为公主线西服胸腰对位分析。

⑦ 绘制前中心线。由原型前中心线延长至下摆线，成为前中心线。

⑧ 绘制前止口线。与前中心线平行 2 ～ 2.5cm 绘制前止口线，搭门的宽度一般取决于扣

子的宽度，也可取决于设计宽度，并垂直画到下摆下，成为前止口线。秋冬装要追加0.5～0.7cm作为面料的厚度消减量。

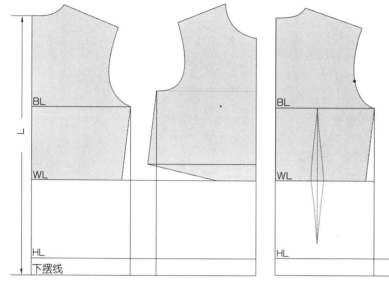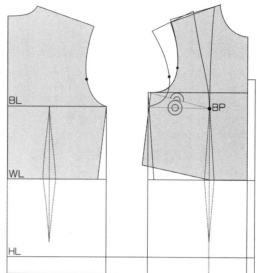

图2-10　公主线结构西服结构框架　　　图2-11　公主线结构西服的胸腰对位分析

第二步　建立成衣的框架结构：解决胸腰差比例分配（纵向）

第一步完成后，就要根据款式要求解决胸腰差比例分配，这一步十分重要。

本款式胸腰差为19cm，在服装结构制图中采用1/2状态，因此本款式的胸腰差分配采用1/2状态。9.5cm胸腰差的比例分配方法在工业成衣生产中并无定律，可根据款式需求设计，在实际成衣制作中要考虑人体状态，如人体是圆体或扁体等。

① 后胸围线。在胸围线上由后中心线交点向侧缝方向确定成衣胸围尺寸，该款式胸围加放12cm，在原型的基础上放2cm，放量较小，不用过多考虑前后片的围度比例分配，在后胸围放0.5cm即可。作胸围线的垂线至下摆线，如图2-12所示。

② 前胸围线。在胸围线上由前中心线交点向侧缝方向确定成衣胸围尺寸，由前胸围放0.5cm即可。作胸围线的垂线至下摆线，如图2-12所示。

公主线结构属于八片身紧身造型，根据该款式需求，胸腰差由五处来进行分解，即：后中心线、后公主线、后侧缝线、前侧缝线、前公主线，分配方法见表2-2所示。

表2-2　公主线结构西服胸腰差比例分配　　　　　　　　　　单位：cm

尺寸＼部位	后中心线	后公主线	后侧缝线	前侧缝线	前公主线
胸腰差值	1	3	1.5	1.5	2.5
	1.5	3	1.25	1.25	2.5
	1	2.5	1.75	1.75	2.5
	1	3	1.25	1.25	3

③ 后中心线。按胸腰差的比例分配方法，在腰线收进 1cm，再与后颈点至胸围线的中点处连线并用弧线画顺，如图 2-12 所示。

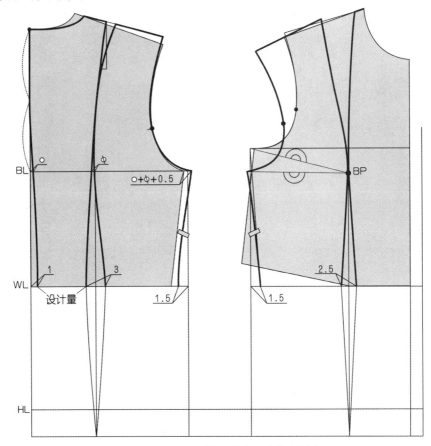

图 2-12　公主线结构西服胸腰差的比例分配

④ 后公主线。按胸腰差的比例分配方法，在肩线由侧颈点取设计量值 4 ~ 5cm，取省大 1.5cm；由后腰节点在腰线上取设计量值 7 ~ 8cm，取省大 3cm，在后公主线省的中点作垂线画出后腰省，由肩省点连接腰省点画顺公主线，如图 2-12 所示。

⑤ 后侧缝线。按胸腰差的比例分配方法，由腰线和胸围线的交点收腰省 1.5cm，后侧缝线的状态要根据人体曲线设置，并测量其长度，如图 2-12 所示。

⑥ 前侧缝线。按胸腰差的比例分配方法，由腰线和胸围线的交点收腰省 1.5cm，前侧缝线的状态同样要根据人体曲线设置，并根据后侧缝长由腰线向上取后侧缝长，剩余量为胸凸量。由前公主线剪开，以 BP 点为圆心，闭合胸凸量，打开肩部公主省。画出新的侧缝线，如图 2-13 所示。

⑦ 前公主线。根据款式要求，由 BP 点做垂线至下摆线，该线为省的中心线，在前肩上取开宽之后的前颈点设计量值；在腰线上通过省的中心线取省大 2.5cm，省的位置可以根据款式需求设计，通常的情况是由 BP 垂线在腰线上向两边平分，如图 2-14 中实线所示，有时为了保证前中部分分割线设计偏直或者收腰效果更明显，可采用图中虚线的画法，但应注意由下摆调整分割的长短。

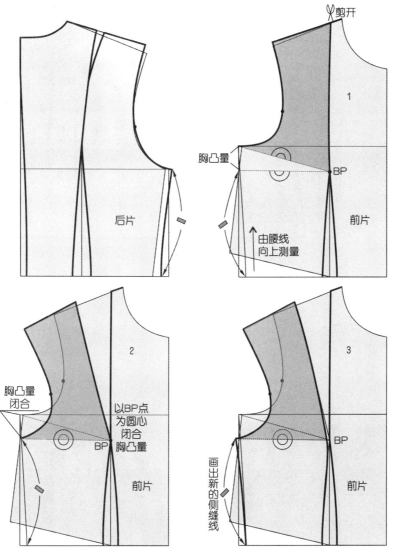

剪开

胸凸量

BP

后片

前片

由腰线
向上测量

胸凸量
闭合

以BP点
为圆心
闭合
胸凸量

BP

2

前片

画出新的侧缝线

BP

3

前片

图 2-13　公主线结构西服胸凸量处理

第三步　衣身作图

① 衣长。由后中心线经后颈点往下取衣长 60 ～ 65cm，或由原型自腰节线往下 22 ～ 27cm，确定下摆线位置，如图 2-15 所示。

② 胸围。成品胸围的加放量是 12cm，也就是在原型的基础上一周加放 2cm，在前后胸围各加放 0.5cm。

③ 领口。

a. 根据款式图的需求，在后小肩上由后侧颈点开宽 1.5cm，其他不动。

b. 根据款式图的需求，在前小肩上由前侧颈点开宽 1.5cm；由 1.5cm 点在前片公主分割线上量取 10cm 与在前中心线上向下摆方向量取 10cm 点连线，作为前领口造型的依据。在前片公主分割线 10cm 点上向下摆方向顺延 6cm 找到绱领点。

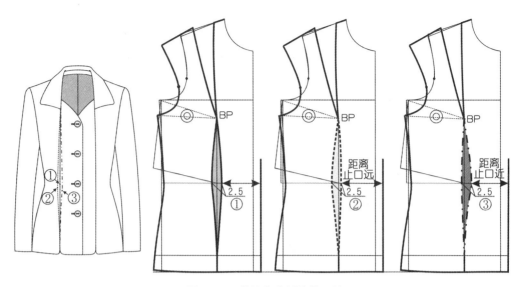

图 2-14　前公主分割线的设计

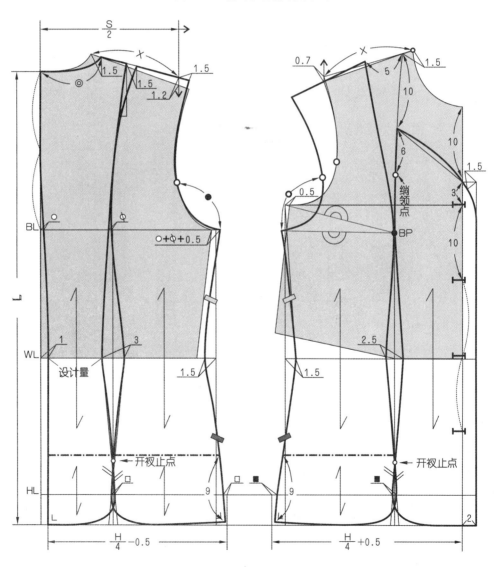

图 2-15　公主线结构西服衣身结构图

26

④ 后肩宽。由后颈点向肩端方向取水平肩宽的一半（38÷2=19cm）。

⑤ 后肩斜线。垫肩厚 1.2cm，后肩斜在后肩端点提高 1.2cm 垫肩量，然后由后侧颈点连线画出后肩斜线，由水平肩宽交点延长 1.5～1.8cm 的肩胛省量，该量在制作后保证后肩胛部分的凸起造型，且该量在制作中做归拢处理，如图 2-15 所示。

⑥ 前肩斜线。前肩斜在原型肩端点往上提高 0.7cm 的垫肩量，然后由前侧颈点连线画出，长度取后肩斜线长度，不含 1.5～1.8cm 的肩胛省量，如图 2-16 所示。

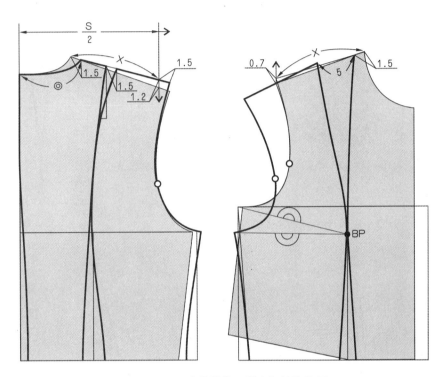

图 2-16　公主线结构西服肩部结构处理

⑦ 后袖窿线。由新肩峰点至腋下胸围点作出新袖窿曲线，新后袖窿曲线可以考虑追加背宽的松量 0.5cm，但不宜过大。

⑧ 后袖窿对位点。要注意袖窿对位点的标注，不能遗漏，如图 2-17 所示。

⑨ 前袖窿线。由新肩峰点至腋下胸围点作出新袖窿曲线，新前袖窿曲线春夏装通常不追加胸宽的松量。

⑩ 前袖窿对位点。要注意袖窿对位点的标注，不能遗漏，如图 2-17 所示。

⑪ 后中心线。按胸腰差的比例分配方法，在腰线和下摆处分别收进 1cm，再与后颈点至胸围线的中点处连线并用弧线画顺，由腰节点至下摆线作垂线，如图 2-18 所示。

⑫ 后公主线。按胸腰差的比例分配方法，在肩线由侧颈点取设计量值 4～5cm，取省大 1.5cm，由后腰节点在腰线上取设计量值 7～8cm，取省大 3cm，由后公主线省的中点作垂线画出后腰省，如图 2-19 所示。绘制后公主线时需要注意以下问题：

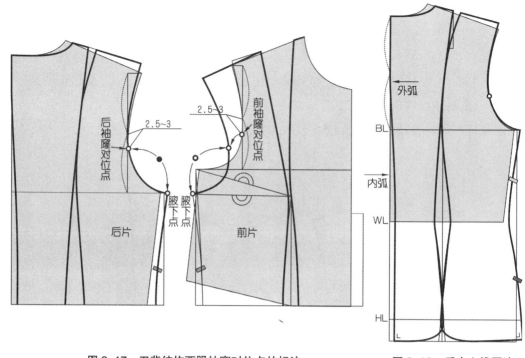

图 2-17 刀背结构西服袖窿对位点的标注   图 2-18 后中心线画法

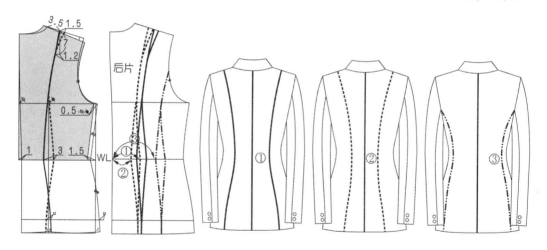

图 2-19 后公主线的画法和公主线的位置距后中线的距离

a. 后公主线在腰线位置的确定。由后腰节点在腰线上所取的分割线位置是设计量值，因此在绘制该线时就需要考虑款式设计的需要。通常情况下分割线的位置以背宽的中点作为平分点，如图 2-19 中的线①。实际上分割线的画法受款式需求、面料等方面的制约，以单色面料为例，款式上分割线的位置相对于后中心线的距离来说，离后中心线越近，人眼的视错就会使我们觉得有收腰的效果，感觉上显瘦，如线②；离后中心线的距离越远，块面感越强，感觉上显胖，如线③。如果是条格面料或团花图案的面料，为了防止分割线破坏格型或花型，通常分割线会选择在比较靠近侧缝线的位置，如图 2-20 所示。

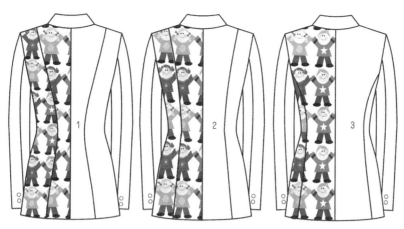

图 2-20　花型面料后片分割线的距离设计

b. 后公主线在后肩位置的确定。后公主线在肩部位置同样也是设计量，再由腰省点向上分别开始画出，画顺后公主分割线。公主线在肩部的位置，除了需要考虑设计要求外，还应该考虑到弧度在工艺制作上的要求——曲度尽量不要过大，如果在工艺制作时弧度过大，容易造成成品的不平服。

正确的画法是要与款式图的样式一致，如图 2-21（a）所示。

有的制图为了保证两条线的圆顺度，将两条线分开，这样会导致后背宽的尺寸不够，是错误的画法，如图 2-21（b）所示。

在肩胛省上分割线的交点重合的位置不能太靠下，远离了肩胛凸点，是错误的画法，如图 2-21（c）所示。

由于人体的"斜蛋率平衡"，背部分割线的交点在胸围线以上，分割线会消减胸围尺寸，这个量要由侧缝补正。背部分割线的交点要根据人体的状态，交点过于靠上，是错误的画法，如图 2-21（d）所示。

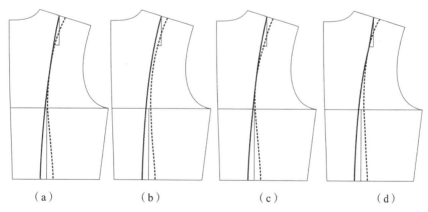

（a）　　　　　　（b）　　　　　　（c）　　　　　　（d）

图 2-21　后公主线的合理设计

⑬ 前后臀围线。由于后中心线收腰去掉 1cm，在臀围线上从后中心线向前中心线量取臀围的必要尺寸 H/2-0.5 = 25cm。在臀围线上从前中心线向后中心线量取臀围的必要尺寸

H/4 + 0.5 = 26cm。

在臀围线上，由于臀围尺寸较大，不能直接与腰围线连线，否则会造成臀腰差过大，要将臀围量值分配到公主线的分割线中。要注意的是，下摆加放的方法通常是由后中至侧缝逐渐加大。如果臀围超出量值为3cm，可以将1.5cm保留在侧缝，将剩余的1.5cm（■或□），分配到公主线的分割线当中，臀围的放量值分别为0.75cm，根据下摆放量的原则，后中线臀围线放量值为0cm，后中公主线臀围线放量值为0.75cm，后侧公主线臀围线放量值为0.75cm，后侧缝臀围线放量值为1.5cm，如图2–22所示。

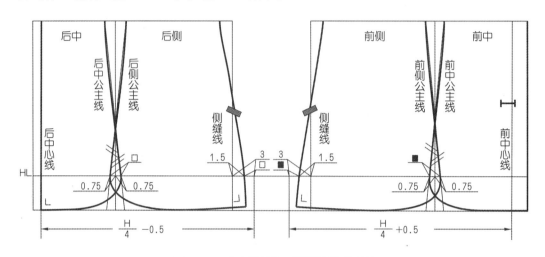

图2–22　公主线结构西服臀围结构设计

⑭ 完成侧缝线。按胸腰差的比例分配方法，由腰线和胸围线的交点收腰省1.5cm，后侧缝线的状态要根据人体曲线设置，后侧缝线由两部分组成。

　　a. 腰线以上部分：腋下点至腰节点的长度。画好并测量该长度。

　　b. 腰线以下部分：由腰节点经臀围点连线至下摆线的长度，并测量腰节点至下摆点的长度。

⑮ 完成下摆线。在下摆线上，为保证成衣下摆圆顺，下摆线与侧缝线要修正成直角状态，下摆线与前后分割线也要修正成直角状态，起翘量根据下摆放量的大小而定，下摆放量越大起翘量越大，如图2–23所示。

⑯ 前公主线。由BP点做垂线至下摆线，该线为省的中心线，在腰线上通过省的中心线取省大2.5cm，分割线在肩线的位置要根据款式图的要求取值需求确定，由腰省点分别开始画出，最后要把前侧缝胸凸量转移至前公主线中。

⑰ 前止口线。前搭门宽2cm，由止口消减量线向前侧缝反方向2cm处绘制前止口线，并垂直画到下摆下，成为前止口线。

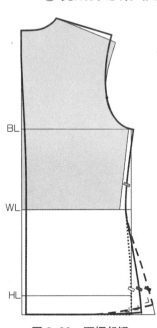

图2–23　下摆起翘

⑱ 作出贴边线。此款公主线西服的整个贴边与前中片是同样的衣片，因此不涉及到贴边线的做法，但是为避免读者混淆，特以普通西服前衣片来举例说明。在肩线上由侧颈点向肩点方向取 3～4cm，在下摆线上由前门止口向侧缝方向取 7～9cm，两点连线，成为贴边线。需要说明的是，在绘制贴边线时，要尽量减小曲度。为了易与里料缝合，使里料易于裁剪，可以保证一段与布纹方向一致，图 2-24 所示中线迹 1 的曲度较小，但布丝全部是斜纱；线迹 2 的上半部分曲度过大，不易与里料缝合。

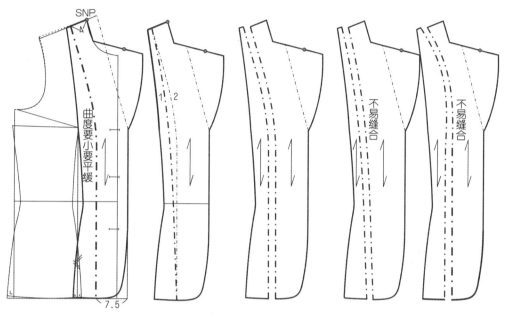

图 2-24 公主线结构西服贴边设计

⑲ 纽扣位的确定。纽扣位的确定在款式中首先要考虑的是设计因素，门襟的变化决定了纽扣位置的变化。纽扣位置在搭门处的排列通常是等分的，但对衣长特别长的衣服，其间距应是愈往下愈长，否则其间隔看起来是不相等的。

对一般上装而言，最关键的是最上和最下一粒纽扣位的确定。最上面一粒纽扣位与衣服的款式有关。

最下面一粒纽扣位的确定，不同种类的服装有不同的参照：衬衫类常以底边线为基准，以向上量取衣长的三分之一减 4.5cm 左右来定；套装或外套类服装常与袋口线平齐。

本款式共有四粒纽扣，第一粒扣在前领口下 3cm，扣距为 10cm，以此类推出其他三粒纽扣的位置。

⑳ 纽扣位的画法。在工业生产制图中，纽扣位的画法又分为扣位的画法和眼位的画法两种。在结构制图中要准确标注是扣位还是眼位。

a. 扣位的画法：通常不需要锁眼的扣位，在服装中标注为圆形十字扣，十字中心即是钉扣点，圆的大小即扣子的直径，常用在西服的袖口、双排扣西服的前门内侧。

b. 眼位的画法：眼位又分为横眼和竖眼两种，通常要根据服装的要求来确定是横眼，还是竖眼，横眼通常用在西装、风衣等服装中，是多品种服装常用的；竖眼常用在衬衫中。

眼位的画法还要考虑是锁圆头眼（净眼：先开刀后锁眼）还是平头眼（毛眼：先锁眼后开刀）。扣眼的位置并不完全与纽扣相同，横向的扣眼前端偏出中线0.2～0.4cm；根据面料的厚薄和纽扣的大小、厚度而变化。由前中心线向止口方向放取0.2～0.3cm，确定扣位的一边，再由扣位边向侧缝方向取扣眼大2.2～2.3cm，扣眼大小取决于扣子直径和扣子的厚度。

第四步 一片领子作图（领子结构设计制图及分析）

一片领也称基本翻领，指后面的领座沿翻折线自然消失在前中心领口处的翻领。这类翻领的造型和结构都比较单一，制图也比较容易，可广泛用于各类服装的领型设计。

设计后领面宽4.5cm，后领座高4cm，前领面宽按照款式需求设计。

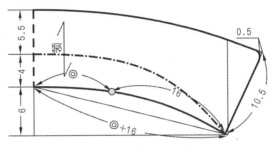

图2-25 公主线领子结构制图

① 确定前后衣片的领口弧线。确定后衣片的领口弧线长度◎（后颈点至侧颈点），测量出它的长度，前衣片的领口弧线长度为16cm，如图2-25所示。

② 画直角线。以后颈点为坐标点画一直角线，垂线为后中心线。

③ 领底线的凹势。在后中心线上由后颈点向下取6cm，确定领底线的凹势，画水平线为领口辅助线，如图2-25所示。确定领底线的凹势量对于一片领制图十分重要，它不仅是一片领结构制图的依据，更是一片领造型的基础。而领底线的凹势量针对翻领中不同的造型设计，变化也是非常大的。但不管如何变化，都会有一个内在的变化规律。以总领宽9.5cm为例，领座越高，它所对应的领底线的凹势就会越小。反之，领座越低时，它所对应的领脚线的凹势就会越大。也就是说领底线的凹势越大，所形成的领子外领口尺寸就会越长，领面所翻出的量就越多，它所形成的领座高就会越低。反之，就是领底线的凹势越小，所形成的领子外领口的尺寸就会越短，领面所翻出的量就越少，所形成的后领座高就越高。

④ 作后领面宽。在后中心线上由后颈点往上取4cm定出后领座高，画水平线；再向上4.5cm定出后领面宽，画水平线为领外口辅助线。

⑤ 作出领底线。领底线长＝后领口弧线长度＋前领口弧线长度＝◎＋16cm。在后领座高水平线上由后颈点取后领口弧线长度◎，再由该点向领口辅助线上量取前领口弧线长度16cm，确定前颈点。在前领口线靠近前颈点的1/3处弧出0.5cm，使此处与前领口弧线相吻合；最后画顺领底线，如图2-25所示。

⑥ 作出领外口线。在领外口辅助线上，由后中心线交点与前领口线连线，画顺。

⑦ 作出领翻折线。由后领座高和后中心线的交点与前颈点连线，如图 2-25 所示。

第五步　袖子作图（合体两片袖结构设计制图及分析）

西服袖是典型的两片结构的套装袖，无论是对造型还是对结构的要求都是最高的。这种袖子要在袖口做出开衩并钉两粒或三粒装饰扣，造型合体美观，具有庄重感。可用于各种西服套装及合体型礼服大衣等。西服袖制图原理，可以参考《女装成衣结构设计·部位篇》中的详解。

制图法步骤说明，如图 2-26 所示：

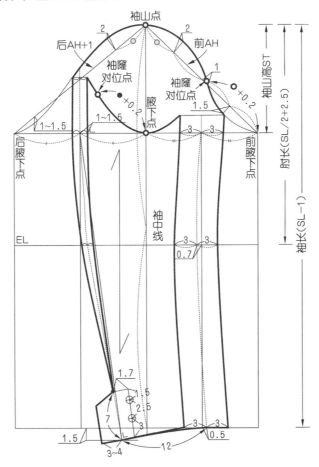

图 2-26　公主线结构西服袖结构图

① 基础线。十字基础线：先作一垂直十字基础线。水平线为落山线，垂直线为袖中线。

② 袖山高。袖山高是指在绱袖类的袖子结构中，袖山弧线上最高点至袖子上落山线的距离。袖山的高低对袖子的结构和造型具有决定性的作用。而袖山高的形成，也是袖子结构对于手臂机能性要求的一个反映。

一般套装袖制图，袖山高都是按 AH/3 或 AH/3 + 0.7cm 来确定的。而西服袖的袖山高要适当大于一般套装袖，要按 AH/3 + 0.7 ～ 1cm 来确定，这样做出的西服袖会较一般套装袖的造型更贴合一些，造型会更美观。那么，袖山高是如何确定的呢？实际上这个高度是把前后衣片缝合后（不装袖）再穿在人体上的肩端点至袖窿深的尺寸，而这个尺寸在服装制图时是不可预知的。所以，根据经验，将皮尺竖着沿袖窿弧线测量衣身的袖窿弧线长（AH），按前后袖窿的尺寸设计袖山高度，由十字线的交点向上取袖山高值设计量（14.5cm）。

袖山高的确定在袖子制图中十分重要，袖子的肥瘦来源于袖山高的高低，相同袖窿弧线长（AH），袖山高越高袖子越瘦。

确定袖山高的尺寸的方法很多，但要注意的是袖山高控制的其实是袖子的肥瘦，不同肥瘦的服装需要匹配不同肥瘦的袖型，确定西服袖的袖肥通常采用的公式是：

袖肥 = 臂围 + 4 ～ 6cm。

以 160/84Y 体的人为例，袖肥 = 28 + 4 ～ 6 = 32 ～ 34cm，只要是在这个范围内，袖山高是可以根据肥瘦做相应调整的。也就是说袖肥尺寸控制着袖山高值。

③ 袖长。袖长：55cm（较原型袖加长 3cm，其中包括垫肩厚 1.5cm，袖长追加 1.5cm），由袖山高点向下减 0.5cm 量出，画平行于落山线的袖口辅助线。

④ 前后袖山斜线，如图 2–26 所示。

a. 由袖山点向落山线量取，后袖窿按后 AH + 0.7 ～ 1cm（吃势）定出，前袖窿按前 AH 定出。

b. 袖肥合适后，将前袖山斜线分成四等份，由 1/2 点向腋下量取 1cm，再取前袖山斜线的 1/4 值，由后袖山斜线经袖山点向下取相同值，经腋下点向上取相同值。

c. 由前袖山斜线靠近袖山点的 1/4 点垂直向上抬升设计量 2cm，前袖山斜线靠近腋下点的 1/4 点垂直向内取设计量 1.5 ～ 2.2cm，在后袖山斜线靠近袖山点的 1/4 点垂直向上抬升设计量 2cm，后袖山斜线靠近腋下点的 1/4 点垂直向内取设计量 0.5 ～ 0.7cm。

d. 测量袖窿弧线长，确定袖山的吃缝量（袖山弧线与衣身的袖窿弧长 AH 的尺寸差），检查是否合适。本款式的吃缝量为 3.5cm 左右。通常情况下，袖子的袖山弧线长都会大于衣身的袖窿弧线长。而这个长出的量就是袖子的袖山吃势。吃势是服装中的专用术语，简单地说，两片需要缝合在一起的裁片的长度差值就被称为吃势。反映到袖子上，一般袖山曲线长会长于袖窿曲线长，其差值就是袖窿的吃势。在袖子袖山高已经确定的前提下，袖子的吃势是由衣身袖窿弧线的长短减去袖山曲线的长短来确定的。可以通过调整袖山曲线的弧度来控制吃势的大小。在袖子原型的制图中，其袖山的弧线长要比袖窿的弧线长出 2 ～ 2.5cm 左右，而这 2 ～ 2.5cm 正是原型袖中的袖山吃势。在袖子的袖山上作出吃势是为了使袖子的袖山头更加圆顺和富于立体感。那么袖山的吃势量控制在多少才算合理呢？这要根据服装款式的造型和所选用面料的厚薄来确定，一般是袖山越高，面料相对越厚时，其袖山的吃势量就要求越多。反之，袖山越低，所选用的面料越薄，其袖山的吃势量就要求越少。对于一些需要在衣身袖窿上缉明线的服装，如衬衫、茄克等，一般是不需要作吃势的。而对于同样是要在衣身袖窿上缉明线的休闲装，由于其袖山相对较高，还是要作出一定的袖山吃势的。简单地说，吃缝量的大小要根据袖子的绱袖位置、角度以及布料的性能适量决定。

⑤ 确定前后袖窿对位点。在袖窿弧线上由后腋下点向上取 ● + 0.2cm，确定后袖窿对位

点；在袖窿弧线上由后腋下点向上取○ + 0.2cm，确定前袖窿对位点，如图 2–26 所示。

袖子底部吃势量很小，约为 0.4cm，而袖子上部吃势分配为前多后少，装袖时并不是所有的袖窿部位都需要吃势的，吃势从前腋点开始到后腋点结束，分配时靠近袖山高点的区域吃势也适当多一些。

⑥ 确定袖子框架。

a. 由前后腋下点作垂线到袖口辅助线，将袖长二等分，由 1/2 点向下 2.5cm，画平行于落山线的袖肘线。

b. 将前后的袖宽线（袖肥）分别二等分，并画出垂直线，确立袖子框架。

⑦ 确定袖子形态。

a. 在肘线上，由前袖肥平分线的交点向袖中线方向取 0.7cm，袖肘向里取是为了塑造手臂弯曲造型。由袖口辅助线向上取 1.5cm，画水平线，由交点向袖内缝方向取 0.5cm，画出适应手臂形状的前偏袖线，即前袖宽中线。

b. 由前袖宽中线的底点，在袖口方向的交点，向后袖方向取袖口参数，袖口的 1/2 值为 12cm，要依据手臂形态，前袖宽中线短，后袖宽中线长，后袖宽中线的底点要由袖口辅助线向下倾斜 0.5 ～ 1cm。

c. 平分后袖宽，确定后袖宽中线辅助线。

d. 在后肘线上，将后袖肥中线与后袖宽中线辅助线之间距离平分为两等份，画后偏袖线，即后袖宽中线，保证后袖宽中线与袖口线成直角状态。

e. 在后袖宽中线取开衩 7cm。

⑧ 袖子大、小袖内缝线。大、小袖的分配采用的是互补法，大袖借小袖越多，大袖越大，小袖就越小。通过前袖宽中线在袖口辅助线交点、袖肘交点、袖肥线交点分别向两边各取设计量 3cm，在西服中前袖缝的借量不能太小，通常取 3 ～ 4cm，这条线在成衣中是不显露的，取值太小就容易造成袖缝外翻，不美观。连接各交点，考虑手臂前屈（前凹后凸）的形态，画向内弧的大袖内缝线、小袖内缝线，延长大袖内缝线至袖窿线，由交点向袖中线方向画水平线，与小袖内缝线延长线相交，如图 2–26 所示。

⑨ 大、小袖外缝线。通过后袖宽中线以袖开衩交点作为起点，袖口通常不取借量，在袖肥线交点向两边取设计量 1 ～ 1.5cm，在袖肘交点向两边取设计量 1cm，画向外的大袖外缝线、小袖外缝线，延长大袖外缝线至袖窿线，由交点向袖中线方向画水平线，与小袖内缝线延长线相交。袖外缝线为设计元素，可以直接将后袖宽中线修顺成外弧线，使其成为大小袖共有外缝线。也可以由后袖窿量取刀背分割线的位置，在袖子互补时考虑大小袖外缝线与其对应关系，如图 2–26 所示。

⑩ 小袖袖窿线。将小袖的袖窿线翻转对称，形成小袖袖窿线。这里要说明的是，通常的西服袖外轮廓上并无与面料纱线平行的地方，因此保证一段线与面料纱线平行有利于裁剪。

⑪ 袖衩。本款西服为两粒扣袖口，袖衩为设计因素，画后袖偏线的平行线 1.7cm，在该线上由袖口向上取 3cm，扣距 2.5cm，距开衩顶点 1.5cm。

四、工业样板

本款公主线西装工业样板的制作，如图 2–27 ～ 2-32 所示。

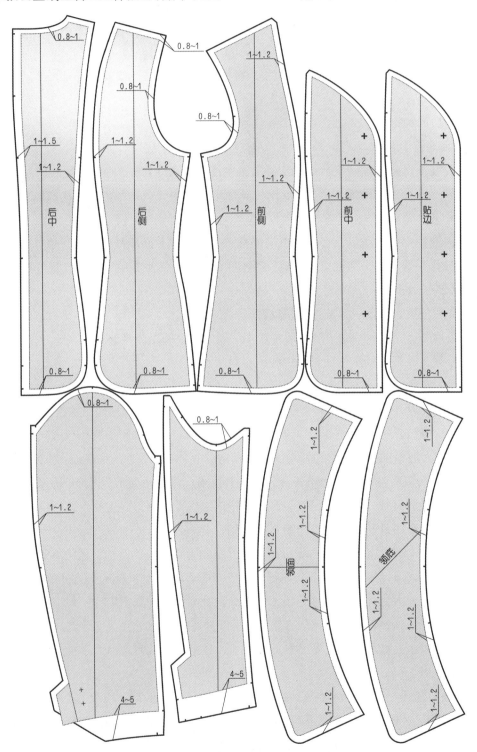

图 2–27　公主线结构西服面板的缝份加放

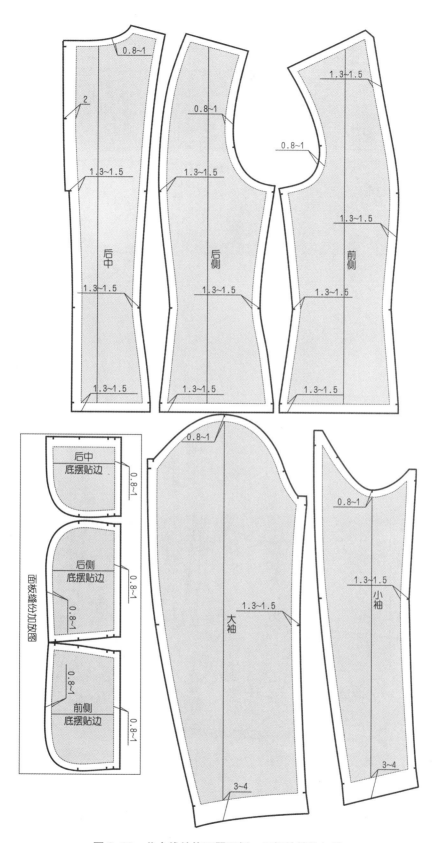

图 2-28　公主线结构西服面板、里板的缝份加放

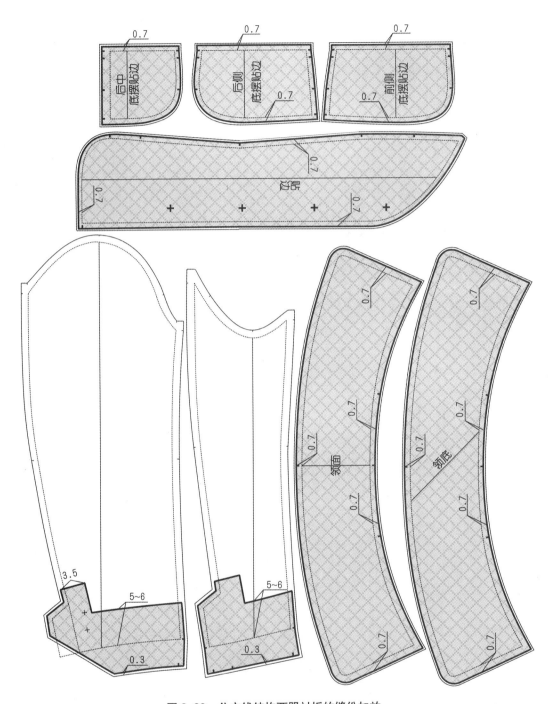

图 2-29　公主线结构西服衬板的缝份加放

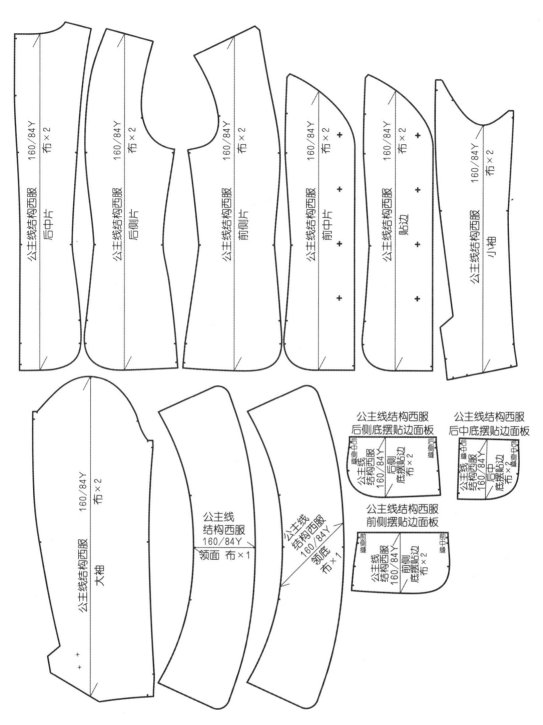

图 2-30 公主线结构西服工业板——面板

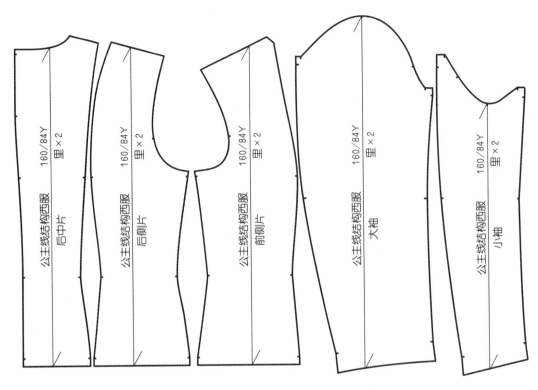

图 2-31　公主线结构西服工业板——里板

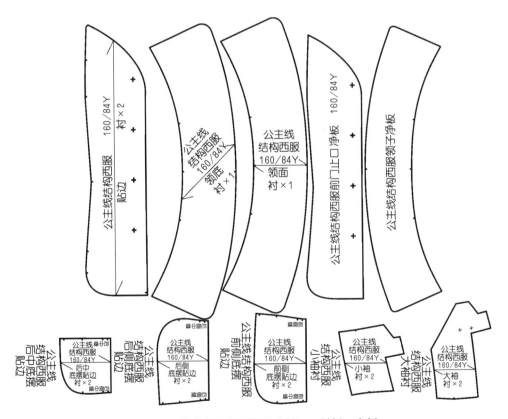

图 2-32　公主线结构西服工业板——衬板、净板

第三节 插肩袖结构西服设计实例

一、款式说明

本款服装为插肩袖西服,造型简洁,穿着舒适保暖。腰部采取收腰处理,底摆较贴合臀部,这样的服装结构衣身造型较为合体,能够很好地修饰体型,属于适身型西服。无领,领形呈弧线形;前片及后片带有刀背结构分割线,如图2-33所示。

插肩袖结构西服最能突出肩、袖自然连接的造型,是本款式结构设计的重点。搭配牛仔裤更能突显休闲惬意感。

插肩袖结构西服使用春秋季中等厚度的面料,可采用马海毛、女士呢、羊毛及格呢等较厚的毛织物,手感柔软舒适,保形性优良,吸湿透气性好,也可使用化纤仿毛织物,相比单一成分的面料,混纺面料汲取各种纤维的优良性能。涤纶面料强度高、弹性好、挺括丰满、不易起皱,洗可穿性能优良;并用黏合衬做成全衬里。

① 衣身构成:刀背分割线过人体的凹凸点,属于四片分割线造型的八片衣身结构,衣长在腰围线以下22～25cm。

② 衣襟搭门:单排扣,下摆为直摆。

③ 领:无领,领形呈弧线形的结构设计。

④ 袖:插肩袖结构,肩、袖自然连接,无袖开衩。

⑤ 垫肩:1cm厚的龟背垫肩,在内侧用线襻固定。

二、面料、里料、辅料的准备

1.面料

幅宽:144cm 或 150cm 、165cm。

估算方法为:(衣长 + 缝份10cm)×2 或衣

图2-33 插肩袖结构西服效果图、款式图

长 + 袖长 +10cm，需要对花对格时适量追加。

2. 里料

幅宽：90cm 或 112cm，估算方法为：衣长 ×3。

3. 粘合衬

① 薄黏合衬。幅宽: 90cm 或 120cm 幅宽（零部件用）。用于前片、前片下摆、前侧片下摆、后片下摆、贴边以及袖口。

② 黏合牵条。直丝牵条：1.2cm 宽。斜丝牵条：1.2cm 宽，斜 6°。宽半斜丝牵条：0.6cm。

③ 垫肩。厚度：1cm，绱袖用 1 副。

④ 袖棉条。1 副。

⑤ 纽扣。直径 2cm 的 3 个（前搭门用）；直径 0.5cm 的垫扣 3 个（前搭门用）。

三、作图

准备好制图的工具和作图纸，制图线和符号要按照制图要求正确画出。

1. 制定成衣尺寸

成衣规格：160/84A。依据是我国使用的女装号型 GB/T1335.2—2008《服装号型　女子》。基准测量部位以及参考尺寸见表 2–3 所示：

表 2–3　插肩袖结构西服成衣系列规格表　　　　　　　　　　　　单位：cm

名称 规格	衣长	袖长	胸围	（腰围）	（臀围）	下摆大	袖口	袖肥	肩宽
155/80(S)	58	54	92	74	100	102	23	32	37
160/84(M)	60	55	96	78	104	106	24	34	38
165/88(L)	62	56	100	82	108	110	25	34	39
170/92(XL)	64	57	104	86	112	114	26	36	40
175/96(XXL)	66	58	108	90	116	118	27	37	41

2. 制图步骤

插肩袖结构西服属于七片结构套装纸样，这里将根据图例分步骤进行制图说明，如图 2–34 所示。在这里需要说明一点，插肩袖结构设计原理可以参考《女装成衣结构设计·部位篇》的第六章第四节连身袖结构设计中的充分讲解，这里不再一一说明。

第一步　建立成衣的框架结构

根据款式分析结构需求，绘制本款插肩袖西服首先要解决胸凸量的问题以及确定胸腰差比例分配，其次再进行衣身绘制。本款式胸腰差为 18cm，以 1/2 状态分配：胸腰差量是 9cm。

插肩袖刀背结构属于七片身适身造型，根据该款式需求，胸腰差由四处分解，即：后刀背线、后侧缝线、前侧缝线、前刀背线，分配方法如表 2–4 所示：

表 2-4　插肩袖结构西服胸腰差比例分配　　　　　　　　　　　　　　　单位：cm

尺寸　　部位	后刀背线	后侧缝线	前侧缝线	前刀背线
胸腰差值	3	1.75	1.75	2.5
	3.5	1.5	1.5	2.5
	3	1.5	1.5	3
	3.5	1.25	1.25	3

①作出衣长。由款式图分析该款式为适身插肩袖女西服，后中心线垂直交叉作出腰围线，放置后身原型，由原型的后颈点，在后中心线上向下取衣长，作出水平线，即下摆辅助线。

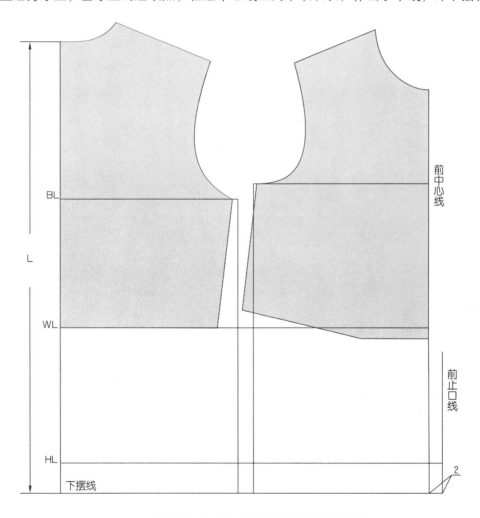

图 2-34　建立合理插肩袖结构的结构框架

②作出胸围线。由原型后胸围线作出水平线。

③作出腰线。由原型后腰线作出水平线，将前腰线与后腰线复位在同一条线上。

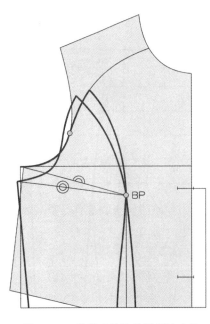

④ 作出臀围线。从腰围线向下取腰长,作出水平线,成为臀围线,以上三条围线是平行状态。

⑤ 腰线对位。腰围线放置前身原型。采用的是胸凸量转移的腰线对位方法。

⑥ 绘制胸凸量。根据前后侧缝差,绘制至胸点的腋下胸凸省量。

⑦ 解决胸凸量。由前插肩结构线绘制刀背线,并剪开到 BP 点,合并腋下胸凸省量,将其转化为袖窿的胸凸省量,如图 2-35 所示。

⑧ 绘制前止口线。与前中心线平行 2 ～ 2.5cm 绘制前止口线,搭门的宽度一般取决于扣子的宽度,也可取决于设计宽度,并垂直画到下摆线,成为前止口线。

图 2-35 袖窿省的胸凸量解决方法

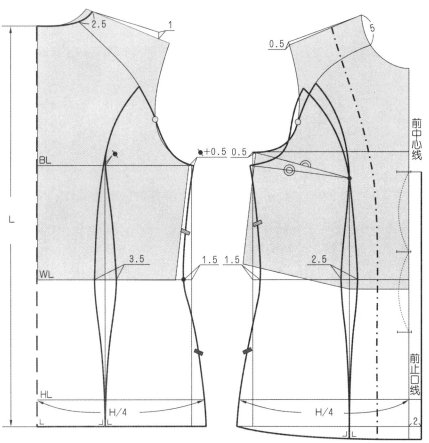

图 2-36 插肩袖结构西服胸腰对位分析及胸腰差比例分配

⑨ 后胸围线。在胸围线上由后中心线交点向侧缝方向确定成衣胸围尺寸,该款式胸围加

放 12cm，在原型的基础上放 2cm，放量较小，不用过多考虑前后片的围度比例分配，在后胸围放 0.5cm 即可。作胸围线的垂线至下摆线。

⑩ 前胸围线。在胸围线上由前中线交点向侧缝方向确定成衣胸围尺寸，由前胸围放 0.5cm 即可。作胸围线的垂线至下摆线。

⑪ 后刀背线。按胸腰差的比例分配方法，由后腰节点在腰线上取设计量值 7～8cm，取省大 3.5cm，由后刀背线省的中点作垂线画出后腰省，由肩袖结构线公共点连接腰省点画顺刀背线（肩袖结构线公共点是任意一点，根据款式设计需要绘制）。

⑫ 后侧缝线。按胸腰差的比例分配方法，由腰线和胸围线垂线的交点收腰省 1.5cm，后侧缝线的状态要根据人体曲线设置，并测量其长度。

⑬ 前侧缝线。按胸腰差的比例分配方法，由腰线和胸围线垂线的交点收腰省 1.5cm，前侧缝线的状态同样要根据人体曲线设置，并根据后侧缝长由腰线向上取后侧缝长，剩余量为胸凸量。由前刀背线剪开，以 BP 点为圆心，闭合胸凸量，打开刀背省，作出新的侧缝线。

⑭ 前刀背线。由 BP 点做垂线至下摆线，该线为省的中线，在前肩袖结构线上取任意一点连接 BP 点，在腰线上通过省的中心线取省大 2.5cm，省的位置可以根据款式需求设计，由肩袖结构线公共点通过 BP 点连接腰省点画顺刀背线，如图 2-36 所示。

第二步　衣身作图

① 衣长。由后中心线经后颈点往下取衣长 60～65 cm，或由原型自腰节线往下 22～27cm，确定下摆线位置。

② 胸围。胸围放量加放 12cm，在前后胸围各放 0.5cm。

③ 领口。本款插肩袖西服属春秋装，内装一般穿着毛衫，要考虑横领宽的开宽以及领深的加大。根据款式设计的需要，领宽开宽 1cm，领深开深至第一粒纽扣位置。

④ 后肩宽。由后颈点向肩端方向取水平肩宽的一半（38÷2=19cm）。

⑤ 后肩斜线。垫肩厚 1cm，后肩斜在后肩端点提高 1cm 的垫肩量，然后由后侧颈点连线作出后肩斜线，由水平肩宽交点延长追加量 0.7cm 的缩缝松量，作为新的后肩端点，该量在制作后保证后肩部的造型。

⑥ 前肩斜线。前肩斜在原型肩端点往上抬高 0.5cm 的垫肩量，然后由前侧颈点连线画出，长度取后肩斜线长度。

⑦ 前后插肩宽。后插肩宽在后领口弧线过侧颈点取 2.5cm，设为点一；前插肩宽在前领口弧线过侧颈点取 5cm～6cm，设为点二。

⑧ 后袖窿线。点一与后袖窿结构线公共点（对位点）连接，再连至腋下胸围点，作出袖窿辅助线，画顺后袖窿弧线。作出的后袖窿弧线一般要过肩胛骨，保证公共分割线过肩胛凸点，因此此量不易过大，本款设计量取值 2.5cm。

⑨ 后袖窿对位点。要注意袖窿对位点的标注，不能遗漏。

⑩ 前袖窿线。点二与前插肩结构线公共点（对位点）连接，再连至腋下胸围点，作出

袖窿辅助线，画顺前袖窿弧线，根据款式设计需要，前袖窿弧线位置要在锁骨下方，为保证公共分割线过锁骨附近，本款设计量取值5cm。

⑪ 前袖窿对位点。要注意袖窿对位点的标注，不能遗漏。

⑫ 后中心线。因后中无胸腰比例分配，所以不作任何处理。直接由后颈点至下摆线作垂线，与胸围线和腰围线保持水平状态。

⑬ 后刀背线。按胸腰差的比例分配方法，在后腰线上取设计量值5～6cm，取省大3.5cm，再由后袖窿弧线上取任意一点连接刀背线省的中点作垂线画出后腰省。

⑭ 前刀背线。按胸腰差的比例分配方法，在前腰线上取设计量值5～6cm，取省大2.5cm，再由前袖窿弧线上取任意一点连接刀背线省的中点作垂线画出前腰省。

⑮ 插肩袖结构西服后片结构制图，如图2-37所示。

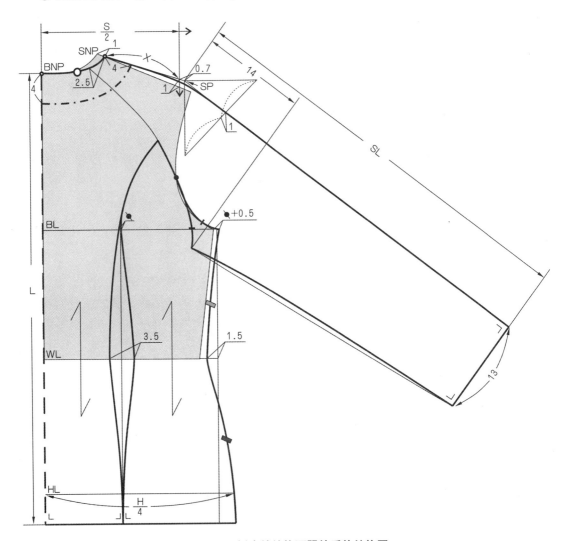

图2-37　插肩袖结构西服的后片结构图

a. 后袖山线的制图角度。按 45° 角定出（稍小于前袖），这是因为手臂向前的活动量要大于向后的活动量。

b. 画出制图三角线。以加宽后的肩端点为基准点分别作 10cm 长的水平线和垂直线，并按图画出三角形。

c. 袖山线：把三角形的斜边分成两等份，再在中点向上 1cm 与三角形的直角点连线并向下延长为袖山线。

d. 袖长：延长袖山线至 55cm 为袖中线，由新的后肩端点（SP）向下沿袖中线量出，然后作袖中线垂线画出袖口辅助线。

e. 袖山高：袖山高 14cm，从新的后肩端点向下在袖山线上量出，然后用直角线画出袖山深线。

f. 后袖口：在后袖山辅助线由袖中线向内量进 13cm 定出后袖口宽。

g. 确定后袖肥尺寸：由后袖窿弧线上的对位点向后袖山深线绘制后袖窿弧线，该线的长度与剩余的新袖窿的弧线长度相等并与后袖山深线相交，交点至袖山线的距离即后袖肥尺寸。

h. 作出后袖缝辅助线：由袖子的后腋下点与袖口宽相连。

⑯ 完成侧缝线。按胸腰差的比例分配方法，由腰线和胸围线的交点收腰省 1.5cm，后侧缝线的状态要根据人体曲线设置，后侧缝线由两部分组成。

a. 腰线以上部分：后腋下点至腰节点的长度。画好并测量该长度。

b. 腰线以下部分：由腰节点经臀围点连线至下摆线的长度。测量腰节点至下摆点的长度。

⑰ 完成下摆线。在下摆线上，为保证成衣制成之后下摆呈直角状态，下摆线与后侧缝线要修正成锐角状态。

⑱ 前止口线。前搭门宽：2cm，与前中心线平行 2cm 绘制前止口线，并垂直画到下摆线上，成为前止口线。

⑲ 作出贴边线。在肩线上由侧颈点向肩端点方向定出 3～4cm，在下摆线上由前门止口向侧缝方向取 7～9cm，将这两点连线。

⑳ 纽扣位的确定。扣位在款式中首先要考虑的是设计因素，本款式纽扣定为三粒，取第三粒扣在腰围线下 3cm，扣距为 12cm，第一粒扣位的止口点即是领口加深的底点。

㉑ 插肩袖结构西服前片结构制图，如图 2–38 所示。

a. 前袖山线的制图角度。按 45° 角定出即可。

b. 画出制图三角线。以抬高后的前肩端点为基准点分别作 10cm 长的水平线和垂直线，并按图画出三角形。

c. 袖山线。把三角形的斜边分成两等份，且与三角形的直角点连线并向下延长为袖山线。

d. 袖长。延长袖山线至 55cm 为袖中线，由新的前肩端点（SP）向下沿袖中线量出，然后作袖中线垂线画出袖口辅助线。

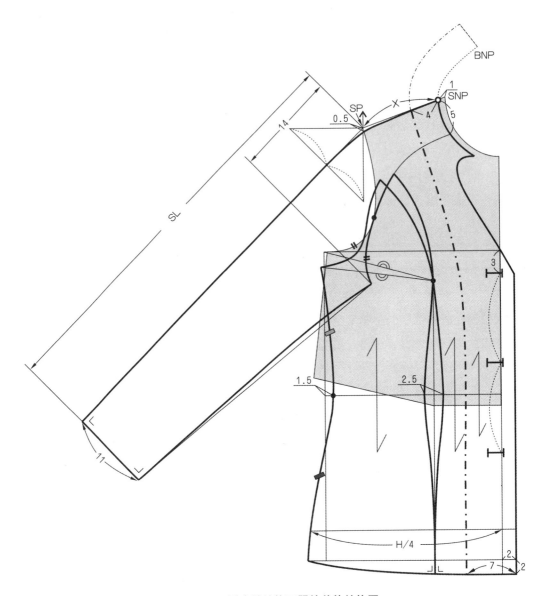

图 2-38　插肩袖结构西服的前片结构图

　　e. 袖山高。袖山高 14cm，从新的前肩端点向下在袖山线上量出。然后作袖中线垂线画出袖山深线。

　　f. 前袖口：在前袖山辅助线由袖中线向内量进 13cm 定出后袖口宽。

　　g. 确定前袖肥尺寸：由前袖窿弧线上的对位点向前袖山深线绘制前袖窿弧线，该线的长度与剩余的新袖窿的弧线长度相等并与前袖山深线相交，交点至袖山线的距离即前袖肥尺寸。

　　h. 作出前袖缝辅助线：由袖子的前腋下点与袖口宽相连。

　　i. 作出前袖缝线：袖子的前腋下点与袖口宽相连之后，再在袖肘线处向内凹进 0.5cm 用弧线画顺，且袖缝线与袖口处保持垂直。

　　j. 作出后袖缝线：袖子的后腋下点与袖口宽相连之后，再在袖肘线处向内凹进 0.5cm 用弧线画顺，且袖缝线与袖口处保持垂直，前袖缝与后袖缝拼接之后要保持圆顺。

㉒ 完成侧缝线。按胸腰差的比例分配方法，由腰线和胸围线的交点收腰省 1.5cm，后侧缝线的状态要根据人体曲线设置，后侧缝线由两部分组成。

a. 腰线以上部分：后腋下点至腰节点的长度。画好并测量该长度。

b. 腰线以下部分：由腰节点经臀围点连线至下摆线的长度。测量腰节点至下摆点的长度。

㉓ 完成下摆线。在下摆线上，为保证成衣制成之后下摆呈直角状态，下摆线与前侧缝线要修正成钝角状态。

四、工业样板

本款插肩袖结构西服工业样板的制作如图 2-39 ～ 2-41 所示。

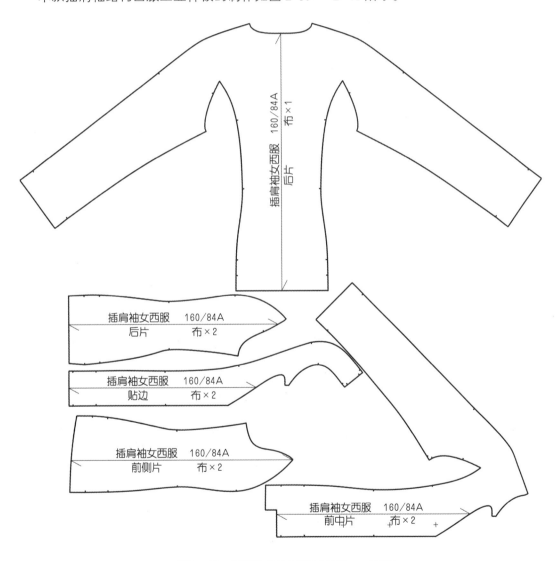

图 2-39 插肩袖结构西服工业板——面板

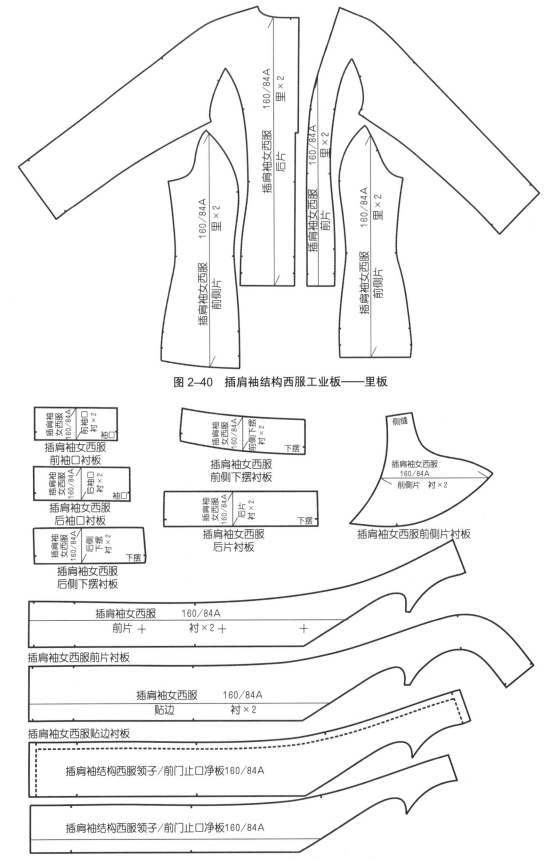

图 2-40　插肩袖结构西服工业板——里板

图 2-41　插肩袖结构西服工业板——衬板、净板

第四节　两用领省道结构西服设计实例

一、款式说明

本款服装为两用领省道结构的秋冬女西服，造型较为宽松得体。领子是本款服装的设计重点，既可作为装饰性翻领，也可作为遮风的实用性翻领。本款服装造型通过省道进行收腰处理；衣领为一片翻领；肩型为自然肩型；前门襟底摆为直角型，如图2-42所示。

面料采用羊毛等精纺毛织物及毛涤等混纺织物，也可使用化纤仿毛织物；里料为100%醋酸绸；并用黏合衬做成全衬里。

① 衣身构成：采用三片结构设计，前后腰省的处理起到收腰效果，此方法多用于秋冬套装中的上衣结构。衣长在腰围线以上5～10cm。

② 衣襟搭门：单排扣，下摆为直摆。

③ 领：一片翻领。

④ 袖：两片绱袖，有袖开衩，袖衩为可以开合的设计。

⑤ 垫肩：1cm厚的包肩垫肩，在内侧用线襻固定。

二、面料、里料、辅料的准备

1. 面料

幅宽：144cm、150cm、165cm。

估算方法为：（衣长＋缝份10cm）×2或衣长＋袖长＋10cm，需要对花对格时适量追加。

2. 里料

幅宽：90cm或112cm。

估算方法为：衣长×3。

3. 辅料

① 厚黏合衬。幅宽：90cm或112cm；用作胸衬、领底、驳头的加强（衬）部位。

图2-42　两用领省道结构西服效果图、款式图

② 薄黏合衬。幅宽：90cm 或 120cm（零部件用）；用于侧片、贴边、领面、后背、下摆、袖口以及领底部位。

③ 黏合牵条。直丝牵条：1.2cm 宽；斜丝牵条：1.2cm 宽，6°；宽半斜丝牵条：0.6cm。

④ 垫肩。厚度：1cm；绱袖用 1 副。

⑤ 袖棉条。1 副。

⑥ 纽扣。直径 2cm 的 5 个（前搭门用）；直径 1.2cm 的 6 个（袖口开衩处用）；直径 0.5cm 的垫扣 6 个（前搭门用）。

三、作图

1. 制定成衣尺寸

成衣规格：160/84B，依据是我国使用的女装号型标准 GB/T1335.2—2008《服装号型　女子》。基准测量部位以及参考尺寸见表 2-5 所示。

表 2-5　两用领省道结构西服成衣系列规格表　　　　　　　　　　单位：cm

规格＼名称	衣长	袖长	胸围	腰围	臀围	下摆大	袖口	袖肥	肩宽
155/80（S）	48	54	96	83	101	95	25	34	39
160/84（M）	50	55	100	87	105	99	26	36	40
165/88（L）	52	56	104	91	109	103	27	38	41
170/92（XL）	54	57	108	95	113	107	28	40	42

2. 制图步骤

关门领省道结构西服属于三片结构套装典型基本纸样，在前面几个例子的制图中，是在使用原型的基础上进行的结构制图，这样可以简化制图的步骤。一些初学者在掌握原型制图后往往忽视对人体基本数据的了解，会出现如果脱离了原型就不会制图的问题。本款式以人体数据尺寸为依据进行制图，通过一定的制图原则，先绘出服装的基型，然后再按原型的变化规律分析变化，逐一绘制结构图的每一步。这个方法简单易学，可使制图者熟悉基本板型的变化规律，学会脱离原型进行制图。

目前，平面结构制图的方法较多，较有代表性的方法有原型法、比例法和数学法三大类。它们往往是采用某一种公式制图，来反映服装平面图的展开技术。由于服装属于多因素条件制约下的特殊种类，因此在特定的条件下，根据不同的观察角度，采用不同的总结方法，会形成各种各样的平面制图方法。但是，如果对平面图不进行立体化定样、试穿，那么就初学者来说，他们对于制成后的服装形象就会缺乏应有的理解。因此，在制图出样中往往存在着一定的盲目性。要改变这种状况，可以通过定样、试穿、观察来修正，直至满意为止。目前，许多经验丰富的设计师，他们往往凭效果图就能判断服装平面制图的正确与否，这都是在长期的工作实践中所积累经验的反映。

在原型制图中习惯采用净体尺寸比例计算法。因此，我们在学习时一定要掌握净尺寸和加放量的关系。加放量是一个变化复杂的数据，不易掌握。因此可以在绘制结构图之前，直接确定成衣各部位尺寸，不再考虑净尺寸；在结合服装款式、人体结构特点的基础上，推算出与其相关或不易测量部位的尺寸，直接绘制结构图。认识服装与人体结构的客观规律，掌握服装与人体的比例关系，才能掌握结构制图的方法。

第一步 建立成衣的框架结构：确定胸凸量（横向）

关门领省道结构西服结构框架图，如图 2–43 所示。

① 后中心线。由后颈点向下绘制，确定后中心线。

② 前中心线。根据成品胸围尺寸加出 5～10cm 的间隙量，作后中心线的平行线为前中心线。

③ 衣长线。衣长按照制图方法，以后中心长为标准，由后颈点在后中心线向下绘制。

④ 后上平辅助线。沿后颈点画一条垂直于后中心线的直线，作为后上平辅助线。

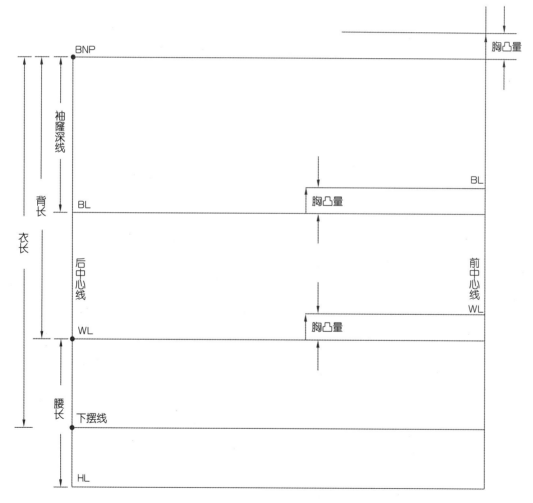

图 2–43 两用领省道结构西服结构框架图

⑤ 下摆线。沿衣长向下画一条垂直于后中心线的直线，作为下摆线。

⑥ 后胸围线。袖窿深线可以看作是成衣的胸围线，袖窿深线是个灵活的尺寸，不与胸围成固定比例。袖窿深线与款式风格、袖窿弧长、面料有无弹力、肩斜度以及胸围放松量等相关。如同样胸围尺寸的西服，因款式风格不同，其袖窿弧长也不同，袖窿深就会有很大差距。现在市场上流行弹力面料，弹力大的面料，胸围放松量小一些；弹力小的面料，胸围放松量大一些；胸围大小不同，袖窿深就不同，袖窿弧线弯度凹势也就不同，以上这些因素都会影响到袖窿深尺寸。

袖窿开深过大会影响到手臂抬升后胳膊的舒适度，通常在腋下会挖深，但在内着装少的情况下不挖深，在原型中袖窿深线为：

$$净胸围（84）/6 + 7 = 21cm$$

这是需要记住的数值。袖窿深的变化规律可查看第一章中的实际衣身原型造型，在后中心线上由后颈点向下取 21cm 左右，用直角尺画一条垂直于后中心线的直线，作为后胸围线。

⑦ 前胸围线。作平行于后胸围线的前胸围线，胸凸量采用 3.5cm。

⑧ 前上平辅助线。作平行于后上平辅助线的前上平辅助线，胸凸量采用 3.5cm。

⑨ 背长线。背长线确定的是后腰节线，通常背长是一个固定的数值，在板型制作中变化很小，为了适应大多数体型，有时会加 0.5～1.5cm 的松量。我国及东南亚国家的体型，背长约占身高 23.5%（即身高为 163cm，背长为 38cm，身高为 168cm，背长则为 39cm，其档差比为 5:1），冬季服装由于内着装较厚，应调整背长为 38cm + 松量 0.5cm。在制作欧美及其他国家或地区的体型板型时，先要参考其国家或地区的体型来制板，适当调整背长数据。由后颈点在后中线上向下取 37～38cm 或 37～38cm + 0.5cm 均可。

⑩ 后腰围线。在后中心线上由后颈点向下取 37～38cm，用直角尺画一条垂直于后中心线的直线，作为后腰围线。

⑪ 前腰围线。作平行于后腰围线的前腰围线，胸凸量采用 3.5cm。

⑫ 腰长。本款式的衣长较短，在臀围线以上，有经验的制板师可以直接制图，初学者需要使用臀围值来控制下摆尺寸。腰长是指腰节线至臀围线的长度，是一个较固定的数值，通常采用 18～20cm。腰长占身高的 11%，身高为 160cm，腰长为 18.5cm，身高为 168cm，腰长则为 19cm。

⑬ 臀围线。在后中心线上从腰围线向下取 18～20cm，用直角尺画一条垂直于后中心线的直线，作为后臀围线。胸围线、腰围线、臀围线三条围线是平行状态。衣长在臀围以上的服装，制板时要先制作出臀围线，然后定出衣长（去掉衣长以下至臀围线部分后的纸样）。

第二步　局部制图

① 设计后领宽。后领宽是决定领型穿着效果的关键，因此在设计领子前应分清领型穿着状况和领型条件，并根据条件（如穿着的层次、薄厚等）决定后领宽，原型制图中的尺寸为：净胸围（84）/20 + 2.9 = 7.1cm 或净胸围 /12 = 7cm；在比例裁剪中为颈围（40）/5 – 1.6

= 6.4cm，可取经验值为 7cm。在上平辅助线由后颈点向右量取后领宽 7cm。

② 设计后领深。在原型制图中后领宽的尺寸为：后领宽 /3 ≈ 2.3cm，在比例裁剪中为颈围（40）/3.14÷5 = 2.5cm，为方便记忆，在上平辅助线上作后领宽点垂线向上取后领宽 2.5cm。

③ 设计前领宽。为使前领窝贴身，前领宽通常比后领宽小 0.2cm，前领宽在原型制图中的尺寸为：后领宽 − 0.2 = 6.8cm。在前上平辅助线上由前中线交点向后取前领宽 6.8cm。

④ 设计前领深。在前中心线由前上平辅助线上交点向下取：后领宽 + 1 = 7.8cm，可取经验值为 8cm。做出前领窝弧线。

⑤ 作出后肩宽。由后颈点向肩端方向取水平肩宽的一半（40÷2=20cm）。

⑥ 作出后肩斜线。由侧颈点作水平线与后肩宽的交点向下取 3.5cm，含垫肩厚 1cm，然后由后侧颈点连线画出后肩斜线，通常后片应该设计一个 1.5 ～ 2cm 的肩省，背部才贴身。为了板型美观，通常采用后肩吃缝的方法（即前肩斜线长小于后肩斜线长）解决肩省。前肩斜线长与后肩斜线长尺寸之差不可过大，否则经车缝后小肩会出现波浪皱纹现象。薄面料宜小一些，厚面料宜大一些，一般在 0.3 ～ 0.7cm，延长后肩斜线长 0.7cm。

⑦ 作出前肩斜线。由侧颈点作水平线与前肩宽的交点向下取 4cm，前肩斜在原型肩端点往上提高 0.5cm 的垫肩量，长度取后肩斜线长度，不含 0.7cm 肩胛省吃量。

⑧ 设计后领弧线。先画原后领弧线，秋冬季服装在后肩斜线由原侧颈点向肩点方向取 1cm，画出新侧颈点，画出新后领口弧线（○）。

⑨ 设计前领弧线。先画好原前领弧线，在前肩斜线处由原侧颈点向肩点方向取 1cm，画出新侧颈点，由原前颈点向下取 2cm，画出新前颈点。根据款式图前领口的造型，画出新前领口弧线，如图 2-44 所示。

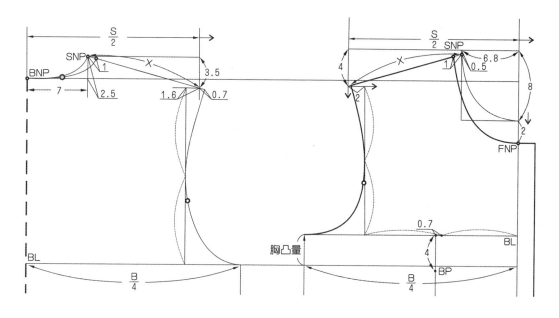

图 2-44　前后领口弧线的画法

⑩ 后胸围线。在后胸围线上由后中心线交点向侧缝方向确定成衣胸围尺寸，较宽松的服装取成衣胸围尺寸的 1/4 即可，作胸围线的垂线至下摆线。合体服装为了保证手臂前屈的运动量，前片应让出 0.25～0.5cm 尺寸到后片。

⑪ 前胸围线。在前胸围线上由前中心线交点向侧缝方向取成衣胸围尺寸的 1/4，确定前胸围尺寸，作胸围线的垂线至下摆线。

⑫ 背宽线。为使袖型美观，通常背宽与胸宽要采用肩入量的方法。由后肩点向后中线方向水平量入 1.6cm，作后胸围线的垂线为背宽线。

⑬ 胸宽线。由前肩点向前中心线方向水平量入 2cm，作前胸围线的垂线为胸宽线。

⑭ 后袖窿线。由新肩峰点至腋下胸围点画新袖窿曲线。

⑮ 后袖窿对位点。在袖窿线上由后肩点至胸围线的 1/2 点，向下取 2.5～3cm，要注意袖窿对位点的标注，不能遗漏。

⑯ 前袖窿线。由新肩峰点至腋下胸围点画新袖窿曲线，新前袖窿曲线在春夏装中通常不追加胸宽的松量。

⑰ 前袖窿对位点。在袖窿线上由前肩点至胸围线的 1/2 点，向下取 2.5～3cm，要注意袖窿对位点的标注，不能遗漏。

第三步 建立成衣的框架结构：解决胸腰差比例分配（纵向）

根据款式要求解决胸腰差比例分配。本款式胸腰差为 13cm，属于以 1/2 状态分配 6.5cm。

省道结构套装属于典型基本纸样，根据该款式需求，胸腰差由四处分解，如图 2-45 所示。后腰省、后侧缝线、前侧缝线、前腰省的比例分配见表 2-6 所示。

表 2-6　两用领省道结构西服胸腰差比例分配　　　　　　　　单位：cm

尺寸＼部位	后腰省	后侧缝线	前侧缝线	前腰省
胸腰差值	2.5	1	1	2
	3.5	0.5	0.5	2
	3	1	1	1.5
	3	0.5	0.5	2.5

① 后腰省。后腰省尺寸要根据胸腰差来设计，同时还要考虑款式造型，如后中破开的款式，由于后中可以设暗省，后腰省尺寸可小些。一般胸腰差为 18～20cm，后腰省尺寸采用 2.5～3cm；胸腰差为 13～16cm，后腰省尺寸采用 2～2.5cm；后中缝破开的款式，可以在后中设暗省 1cm 左右，要适量减小后腰省尺寸。后腰省的省长是设计量，它与胸围线高低（袖窿深浅）无关，与省大小有关，省大则画长 1～2cm；省小则画短 1～2cm。上节省长通常在 14cm 左右，下节省长也一样，但省尖点距臀围线一般不能少于 4cm。

② 在腰线上由后中心线向侧缝方向取设计量值确定后腰省的位置，取省大 2.5cm。由省的中点向上作垂线取设计量确定出省长，分别与两个省边连线，向下作垂线与臀围线连线。

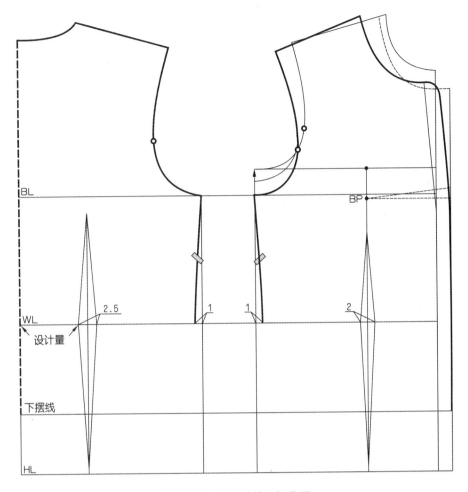

图 2-45 胸腰差的比例分配

③ 后侧缝线。按胸腰差的比例分配方法，由腰线和胸围线垂线的交点收腰省 1cm，后侧缝线的状态要根据人体曲线设置，并测量其长度。

④ 前侧缝线。按胸腰差的比例分配方法，由腰线和胸围线的交点收腰省 1cm，后侧缝线的状态要根据人体曲线设置，并测量其长度。

⑤ 前腰省。前腰省不宜过大，尽量不要超过 3cm，通常在 2cm，尺寸过大胸部会出现不平顺的现象，特别是将胸省转到腰省的板型。

腰节线以上的省长距 BP 点一般不少于 3cm，当前腰省尺寸偏大，距 BP 点可以少至 2cm。下半节省长一般距臀围线不能少于 5cm，当前腰省尺寸偏大，可以相应长一些。为了省线美观，通常偏向侧缝边 1 ～ 2cm 制板，不会正对 BP 点画腰省。

为使衣身适合体型，前腰省量要小于后腰省量。

在腰线上由 BP 点做垂线至臀围线确定前腰省的位置，取省大 2cm。由 BP 点向下取 3 ～ 4cm，确定前腰省的省尖的位置，分别与两个省边连线；向下与臀围线连线。

第四步 衣身制图

本款为两用领省道结构设计，除了胸腰差的处理（纵向），还有撇胸结构的处理也是重要结构原理之一，可以参考《女装成衣结构设计·部位篇》中第五章的具体详解内容。

① 前后臀围线。在臀围线上从后中心线向前中心线量取臀围的必要尺寸 H/4 = 26.25cm。在臀围线上从前中心线向后中心线量取臀围的必要尺寸 H/4 = 26.25cm，如图 2-46 所示。

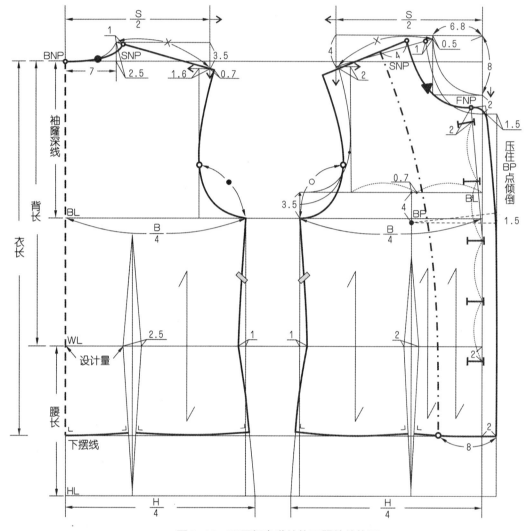

图 2-46　两用领省道结构西服的结构图

② 侧缝线。

a. 腰线以上部分：腋下点至腰节点的长度，前后长度要一致。

b. 腰线以下部分：由腰节点经臀围点连线至下摆线的长度，前后长度要一致。

③ 下摆线。为保证成衣下摆圆顺，下摆线与侧缝线需修正成直角状态，下摆线与前后省线需修正成直角状态。下摆起翘量和腰省大小与服装的造型有密切关系，起翘量不宜过大，一般采用 0.3 ～ 0.5cm；侧缝起翘量一般采用 0.5 ～ 1cm。

④ 前止口线。前搭门宽 2cm。根据撇胸后的前中心线，向右平行 2cm 绘制前止口线，

垂直画到下摆下，成为前止口线。

⑤ 作出贴边线。在肩线上由侧颈点向肩点方向取 3～4cm，在下摆线上由前门止口向侧缝方向取 7～9cm，两点连线。

⑥ 纽扣位的确定。纽扣位：五粒，第一粒扣位由前颈点在前中心线向下取 2cm，第五粒扣位在胸围线下 2cm，平分第一粒扣位与第五粒扣位，确定其余扣位。

第五步 领子作图（领子结构设计制图及分析）

设计后领面宽 6cm，后领座高 4cm，前领面宽按照款式需求设计。

① 确定前后衣片的领口弧线。确定后衣片的领口弧线长度 ●（后颈点至侧颈点），前衣片的领口弧线长度 ▲（前颈点至侧颈点），并分别测量出它们的长度，如图 2-46 所示。

② 画直角线。以后颈点为坐标点画一垂线，垂线为后中心线。

③ 领底线的凹势。在后中心线上由后颈点向下取 9.5cm，确定领底线的凹势，画水平线为领口辅助线，如图 2-47 所示。确定领底线的凹势量对于领子制图十分重要，它不仅是领子结构制图的依据，更是领子造型的基础。而领底线的凹势量针对翻领中不同的造型设计，变化也是非常大的。

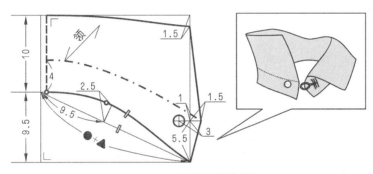

图 2-47 两用领的结构制图

④ 作后领面宽。在后中心线上由后颈点向上取 4cm 定出后领座高，画水平线；向上 6cm 定出后领面宽，画水平线为领外口辅助线。

⑤ 作出领底线。领底线长 = 后领口弧线长度 + 前领口弧线长度 = ● + ▲，在后领座高水平线上由后颈点取后领口弧线长度 ●，再由该点向领口辅助线上量取前领口弧线长度 ▲，确定前颈点。在领底辅助线上由后颈点向前颈点方向量取 9.5cm 之后向上作领底辅助线的垂线 2.5cm，作出前后领底线，使此处与前领口弧线相吻合；最后画顺领底线。

⑥ 作出领外口线：在领外口辅助线与领侧外口辅助线的交点在领侧外口辅助线上向领底线方向量取 1.5cm，然后与后中心线连接画顺。

⑦ 作出领侧外口线：在领侧外口辅助线上，由领口辅助线与领侧外口辅助线的交点向领座高方向量取 5.5cm，确定为点一，再由点一向后颈点的反方向量取 1.5cm，确定领子外口点；由点一向后颈点方向量取 3cm 确定领子上扣子的位置；由在领侧外口辅助线上向领底线方向量取 1.5cm 点、领子外口点与前领口线连接画顺。

⑧ 作出领翻折线：由后领座高和后中心线的交点与点一向领座高方向量取 1cm 点连线，作出两用领的翻折线。

第六步 袖子作图

制图法步骤说明，如图 2-48 所示：

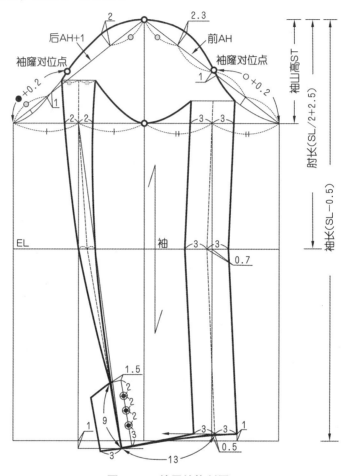

图 2-48 袖子结构制图

① 作出袖中线。画一条直线，作为袖中线。

② 作出袖肥线。用直角尺画出一条垂直袖中线的直线，作为袖肥线。

③ 设计袖山高。作出袖山高记号。袖山不能过高，过高会缺少活动量；袖山也不能过低，过低会使衣身胸部产生皱纹，影响板型美观。本款式为较宽松结构，将皮尺竖着沿袖窿弧线测量衣身的袖窿弧线长（AH）值，按前后袖窿的尺寸设计袖山高度，由十字线的交点向上取袖山高值设计量 14cm。

以标准人体计算，160/84B 体的人，袖肥 = 28 + 8 ～ 10 = 36 ～ 38cm，只要是在这个范围内，袖山高就可以根据肥瘦做相应调整。也就是说袖肥尺寸控制着袖山高值。在袖肥线向上 14cm 袖中线上作出袖山高点。

④ 袖长。由袖山高点向下减 0.5cm 量出，画平行于落山线的袖口辅助线。

⑤ 作出前后袖山斜线。由袖山点向落山线量取，后袖窿按后 AH + 0.7cm ～ 1cm（吃势）定出，前袖窿按前 AH 定出，袖肥合适后，根据前后袖山斜线定出的 9 个袖山基准点，用弧线分别连线画顺，测量袖窿弧线长，确定袖山的吃缝量（袖山弧线与衣身的袖窿弧长 AH 的尺寸差），检查是否合适。本款式的吃缝量为 3.5cm 左右。吃缝量的大小要根据袖子的绱袖位置和角度以及布料的性能适量决定。

⑥ 确定前后袖窿对位点。在袖窿弧线长上由后腋下点向上取●+ 0.2cm，确定后袖窿对位点；在袖窿弧线长上由后腋下点向上取○+ 0.2cm，确定前袖窿对位点。

⑦ 确定袖子框架。

a. 肘长 30cm，在袖山水平线向下 30cm 处作肘围线。

b. 将前后的袖肥分别二等分，并画出垂直线，确立好袖子框架。

⑧ 确定袖子形态。

a. 在肘线上，由前袖肥平分线的交点向袖中线方向取 0.7cm，袖肘向里取是为了塑造手臂弯曲造型。由袖口辅助线向上取 1cm，画水平线，由交点向袖内缝方向取 0.5cm，画出适应手臂形状的前偏袖线，即前袖宽中线。

b. 由前袖宽中线的底点，在袖口方向的交点向后袖方向取袖口参数，袖口的 1/2 值 13cm，要依据手臂形态，即前袖宽中线短，后袖宽中线长，后袖宽中线的底点要由袖口辅助线向下倾斜 1cm。

c. 由后袖宽中线的底点与落山线的后袖肥的中点连后袖宽中线辅助线。

d. 在后肘线上，将后袖肥中线与后袖宽中线辅助线之间的距离进行平分，画后偏袖线，即后袖宽中线，保证后袖宽中线与袖口线成直角状态。

e. 在后袖宽中线取开衩 9cm。

⑨ 确定袖子大、小袖内缝线。通过前袖宽中线在袖口辅助线交点、袖肘交点、袖肥线交点分别向两边各取设计量 3cm，连接各交点，画向内弧的大袖内缝线、小袖内缝线，延长大袖内缝线至袖窿线，由交点向袖中线方向画水平线，与小袖内缝线延长线相交。

⑩ 确定袖子大、小袖外缝线。通过后袖宽中线以袖开叉交点作为起点，袖口不取借量，在袖肥线交点向两边取设计量 1cm，画向外弧的大袖外缝线、小袖外缝线，垂直延长大袖外缝线至袖窿线，由交点向袖中线方向画水平线，与小袖内缝线延长线相交。这里要说明的是通常的西服袖外轮廓上并无与面料纱线平行的地方，因此保证一段线与面料纱线平行有利于裁剪。

⑪ 小袖袖窿线。将小袖的袖窿线翻转对称，形成小袖袖窿线。

⑫ 画袖衩。本款西服为三粒扣袖口，袖衩为设计因素，画后袖宽中线的平行线 1.5cm，在该线上由袖口向上取 3cm，扣距 22cm，距开衩顶点 1.5cm。

四、修正纸样

① 完成结构处理图。完成对领面修正、对贴边修正、对成衣裁片的整合。

② 裁片的复核修正。凡是有缝合的部位均需复核修正，如领口弧线、领子、袖窿、下摆、侧缝、袖缝等。

五、工业样板

本款两用领结构西服的工业样板如图 2-49 至图 2-54 所示。

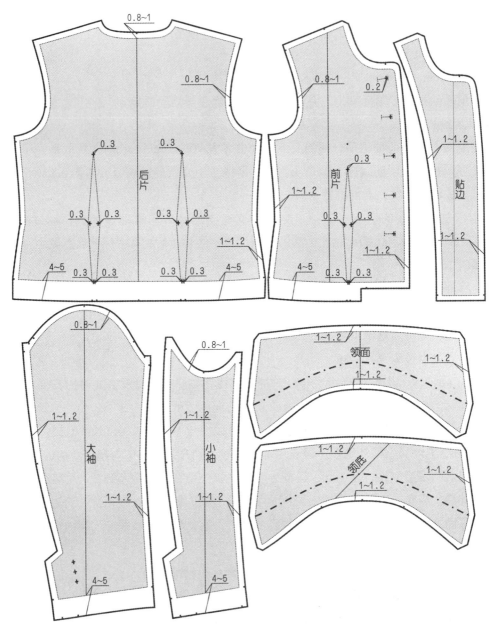

图 2-49　两用领省道结构西服面板的缝份加放

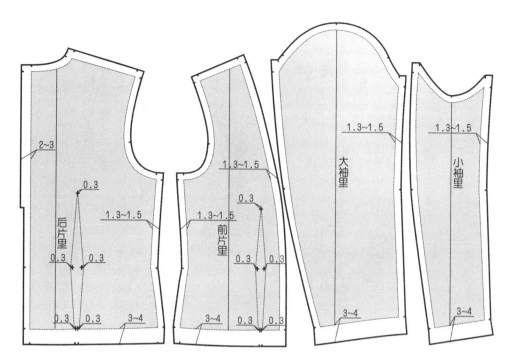

图 2-50　两用领省道结构西服里板的缝份加放

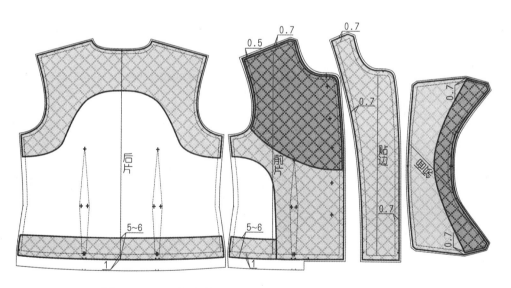

图 2-51　两用领省道结构西服衬板的缝份加放、工业板净板

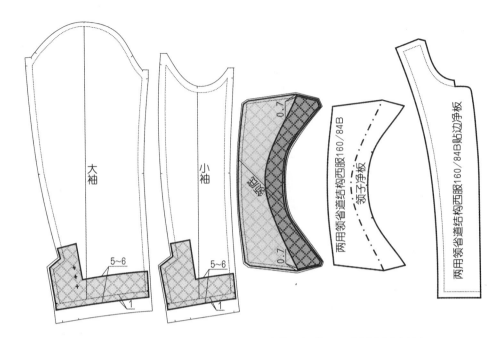

图 2-51　两用领省道结构西服衬板的缝份加放、工业板净板（续）

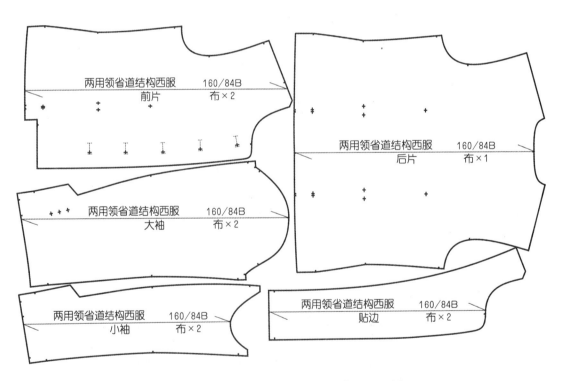

图 2-52　两用领省道结构西服工业板——面板

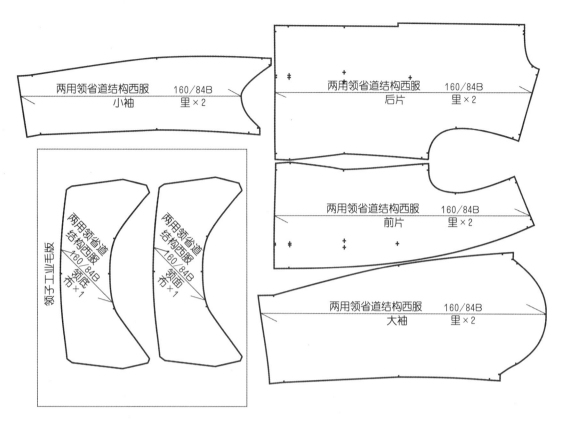

图 2-53　两用领省道结构西服工业板——面板、里板

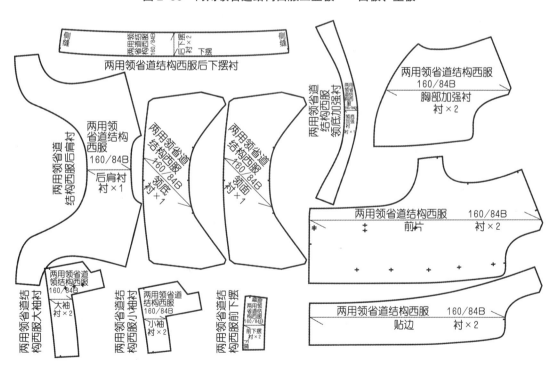

图 2-54　两用领省道结构西服工业板——衬板

第五节　三开身结构西服设计实例

一、款式说明

本款式服装是模仿男装造型而形成的较宽松造型的女西服上衣款式，可分别与裙子或裤子组成套装。这是较适合成熟女性穿着的上衣造型，可作为日常外出套装及职业套装，如图 2-55 所示。衣长为长上衣，衣身为破后中缝的六片结构。肩部加垫肩，戗驳头翻领，双排扣，下摆为斜襟圆摆，收前腰省，前衣片两侧两个双嵌线带袋盖式口袋。袖子为两片西服袖，有袖开衩，钉二至三粒装饰扣。

面料常采用精纺毛料、毛涤、化纤等。

① 衣身构成：在四片基础上分割线通达袖窿的刀背结构的六片衣身结构，衣长在腰围线以下 27cm。

② 衣襟搭门：双排斜襟扣。

③ 领：V 形戗驳头翻领。

④ 袖：两片绱袖、有袖开衩。

⑤ 垫肩：1.5cm 厚的包肩垫肩，在内侧用线襻固定。

二、面料、里料、辅料的准备

1. 面料

幅宽：144cm、150cm、165cm。

估算方法：（衣长 + 缝份 10cm）×2 或衣长 + 袖长 + 10cm（需要对花对格时适量追加）。

2. 里料

幅宽：90cm 或 112cm，144cm 或 150cm。

幅宽 90cm 估算方法为：衣长 ×3；

幅宽 112cm 估算方法为：衣长 ×2；

幅宽 144cm 或 150cm 估算方法为：衣长 + 袖长。

图 2-55　三开身结构西服效果图、款式图

3. 辅料

① 厚黏合衬。幅宽：90cm 或 112cm，用于前衣片、领底。

② 薄黏合衬。幅宽：90cm 或 120cm（零部件用）。用于侧片、贴边、领面、下摆、袖口以及领底和驳头的加强（衬）部位。

③ 黏合牵条。

直丝牵条：1.2cm 宽。

斜丝牵条：1.2cm 宽，6°。

宽半斜丝牵条：0.6cm。

④ 垫肩。厚度：1～1.5cm，绱袖用 1 副。

⑤ 袖棉条。1 副。

⑥ 纽扣。直径 2cm 的 1 个（前搭门用）。直径 1.2cm 的 4 个（袖口开衩处用）。直径 1cm 的 1 个（垫扣）。

三、作图

1. 制定成衣尺寸

成衣规格：160/84A，依据是我国使用的女装号型标准 GB/T1335.2—2008《服装号型女子》。基准测量部位以及参考尺寸见表 2–7 所示。

表 2–7　三开身结构西服成衣系列规格表　　　　　　　　　　单位：cm

名称〳规格	衣长	袖长	胸围	（腰围）	（臀围）	下摆大	袖口	袖肥	肩宽
155/80（S）	63	56	101	86	106	108	25	36	37.5
160/84（M）	65	57	105	90	108	112	26	37	38.5
165/88（L）	67	58	109	94	110	116	27	38	39.5
170/92（XL）	69	59	113	98	112	120	28	39	40.5
175/96（XXL）	71	60	117	102	114	124	29	40	41.5

2. 制图步骤

三开身结构西服属于六片结构套装典型基本纸样，这里将根据图例分步骤进行制图说明。

第一步　建立成衣的框架结构

结构制图的第一步十分重要，要根据款式分析结构需求，无论是什么款式第一步均是解决胸凸量的问题，本款为较宽松结构西服，可以采用通常西服的腰围线对位形式，将前腰围线胸凸量的一半与后腰围线对位，如图 2–56 所示。

① 作出衣长。根据款式图在后中心线上向下取衣长，画水平线，即下摆辅助线，量取衣长为 65cm。

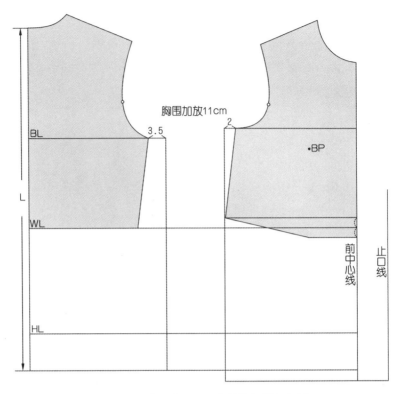

胸围加放11cm

BL

3.5

2

•BP

L

WL

前中心线

止口线

HL

图 2-56 建立合理三开身结构西服框架图

② 作出胸围线。由原型后胸围线画水平线。

③ 作出腰围线。由原型后腰围线画水平线，转移部分省量。

④ 作出臀围线。从腰围线向下取腰长画水平线，成为臀围线，以上三条围线是平行状态。

⑤ 腰围线对位。本款采用的是通常西服的腰围线对位形式，建立合理三开身西服结构框架。

⑥ 解决胸凸量。本款式通过领口省解决了撇胸的问题，同时也处理了部分胸凸量，剩余的胸凸量则由挖深前袖窿解决，如图 2-57 所示。

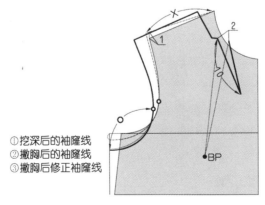

①挖深后的袖窿线
②撇胸后的袖窿线
③撇胸后修正袖窿线

图 2-57 三开身结构西服的胸凸量转移

⑦ 绘制前中心线。由原型前中心线延长至下摆线作为本款式的前中心线。

⑧ 绘制前下摆辅助线。向下延长胸凸量的二分之一或 2cm 绘制新的前下摆衣长辅助线。

⑨ 绘制前止口线。与前中心线平行 6cm 绘制前止口线，并垂直画到下摆下，成为前止口线。

第二步　衣身作图

① 前后胸围线。该款式成品胸围加放尺寸是 21cm，考虑到后衣片运动的需求，并且按照围度比例分配，在后胸围放 3.5cm、前胸围放 2cm。在胸围线上由后中心线与胸围线的交点向侧缝方向量取 3.5cm，作胸围线的垂线至下摆线，确定后胸围的成衣尺寸。在胸围线上由前中心线与胸围线的交点向侧缝方向量取 2cm，作胸围线的垂线至下摆线，确定前胸围的成衣尺寸。如图 2-58 所示。

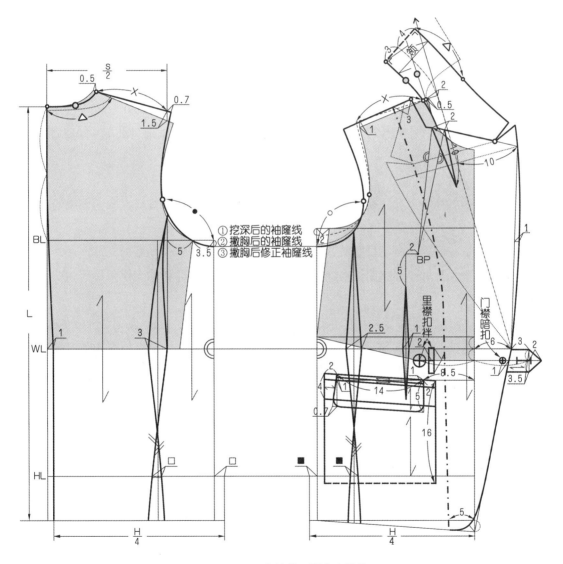

图 2-58　三开身结构西服衣身结构图

② 前后肩斜线。由后颈点向肩端方向取水平肩宽的一半。后肩斜在后肩端点提高 1.5cm 垫肩量，然后由后侧颈点连线作出后肩斜线（X），由水平肩宽交点延长 0.7cm 肩胛吃量。前肩斜在原型肩端点往上提高 1cm 的垫肩量，然后由前侧颈点连线画出，长度取后肩斜线长度（X）。

③ 后中心线。按胸腰差的比例分配方法，在腰围线收进 1cm，再与后颈点至胸围线的中点处连线并用弧线画顺。

④ 前后分割线。本款式为较宽松女西服，采用常见的三片衣身结构，腋下常见无侧缝线，前后片的分割线位置依据设计需求而定，但要设计在前后腋点以内，尽量隐藏分割线，再将其整合为一个完整的腋下片。按胸腰差的比例分配方法，由后腰节点在腰围线上取省大 3cm，在前腰节上绘制省大 2.5cm，沿后侧缝线省的中点作垂线画出后腰省。

⑤ 前后袖窿线。由新肩峰点至腋下胸围点作出新后袖窿曲线，由新肩峰点至腋下胸围点作出新前袖窿曲线，要注意前后袖窿对位点的标注，不能遗漏。

⑥ 口袋位置的确定。双嵌线口袋的详细制图步骤以及制作步骤可以参考《女装成衣结构设计·部位篇》中的第三章口袋结构设计。

a. 本款口袋为双嵌线带盖式口袋，其由兜盖、兜布、开线、垫袋布四部分组成。

b. 制图步骤。由前兜口点作平行于腰线的水平线，后兜点起翘 0.7cm，定出兜口长 14cm、兜口宽 5cm，作平行于兜口线上下各 0.5cm 的双嵌线。由上兜口线取 4cm 为垫袋布，取兜布宽 18cm、长 16cm。

⑦ 门襟的确定。

a. 确定领翻折线的止点。在前中心线上，由前腰节线与前中心线交点向前侧缝的反方向延长水平线 6cm，确定领翻折线的止点。

b. 确定前衣襟圆摆。将领翻折线的止点与前中心线和前下摆辅助线的交点连线，再将该点与胸围线的垂线至后下摆辅助线点连线，画出前下摆斜线，并将前下摆角按照款式图的样式修成圆角。

c. 确定门襟扣位。由领翻折线的止点向侧缝反方向量取长为 3cm、宽为 3.5cm 的长方形，且与前门襟相连接；作此长方形的中心线，在中心线与长方形宽的交点位置向前侧缝反方向量取 2cm，作出类似宝剑头的扣襻，这是门襟上的明扣位置。门襟暗扣的确定，在长方形的中心线与长方形宽的交点位置向前侧缝方向量取 1cm，作为门襟暗扣；里襟扣、襻的确定，作平行于眼位线 10cm 的扣位线，保证扣位的间距与前中心两边相等，确定里襟扣的位置；里襟襻的位置确定是由里襟扣位置向前侧缝反方向量取 2cm 确定，里襟长 4cm，宽 1cm。

⑧ 绘制贴边。在肩斜线上由侧颈点向肩点方向量取 3cm，确定点一，在前下摆斜线上由前中心线至侧缝方向量取设计量 5cm，确定点二，将点一与点二相连画顺。需要说明的是，圆摆设计的贴边宽度，要将圆摆的范围包含在贴边宽度之内，否则会影响成衣的美观。

第三步　领子作图

领子的结构制图方法同公主线结构西服，领嘴造型的戗驳头结构设计，按照款式需求定出即可。

第四步 袖子作图

本款三开身式为宽松西服，袖山高为 16cm 左右，袖肥控制在 38～40cm，制图原理同公主线结构西服一样，其区别在于该款式西服在结构设计上大、小袖共用后袖缝，并未互补分割，而是共用一条后袖缝线，如图 2-59 所示。

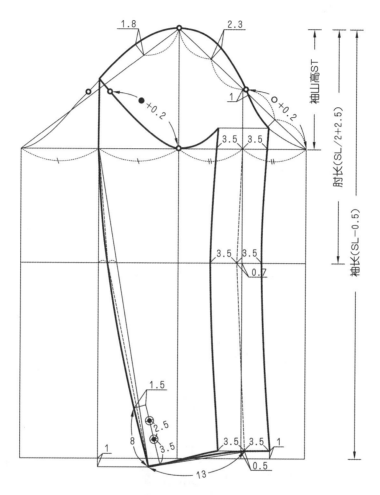

图 2-59　三开身结构西服套装袖子结构图

四、修正纸样

基本造型纸样绘制之后，就要依据生产要求进行结构处理图的绘制。完成对领口的修正、贴边的修正、腋下裁片的整合、前后下摆的整合。

① 修正整合腋下片。处理腋下片，前后腋下片拼合之后将下摆做圆顺处理，如图 2-60 所示。

② 修正整合前片、后片下摆。处理修顺好前片、后片前后下摆线，如图 2-60 所示。

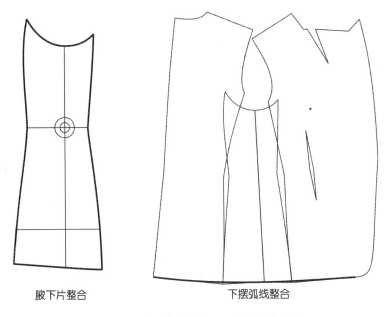

腋下片整合   下摆弧线整合

图 2-60　腋下片的整合、下摆纸样的处理

五、工业样板

本款三开身结构西服的工业样板如图 2-61 至图 2-67 所示。

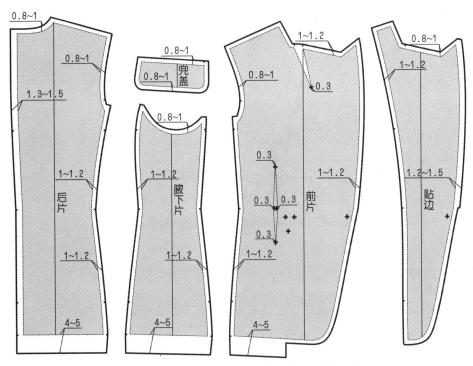

图 2-61　三开身结构西服面板的缝份加放

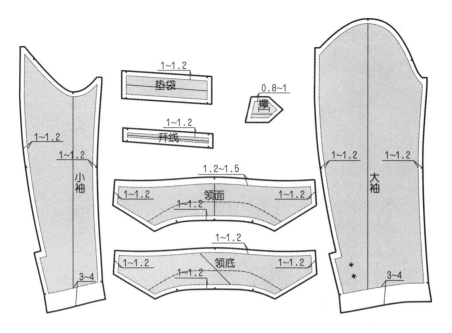

图 2–61 三开身结构西服面板的缝份加放（续）

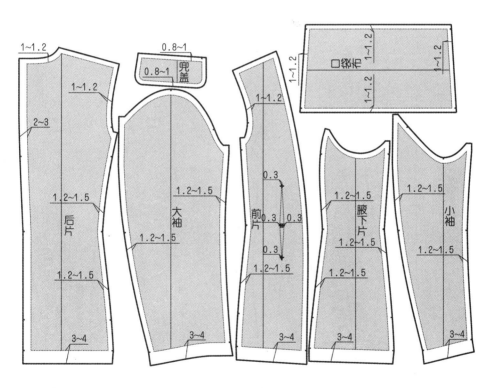

图 2–62 三开身结构西服里板的缝份加放

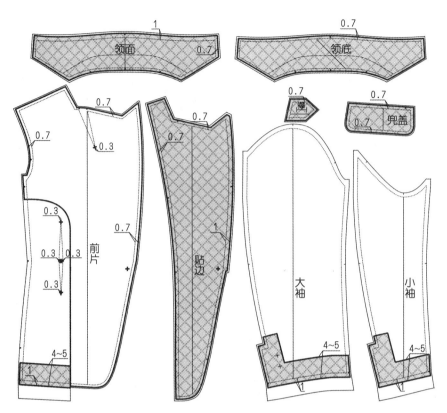

图 2-63　三开身结构西服衬板的缝份加放

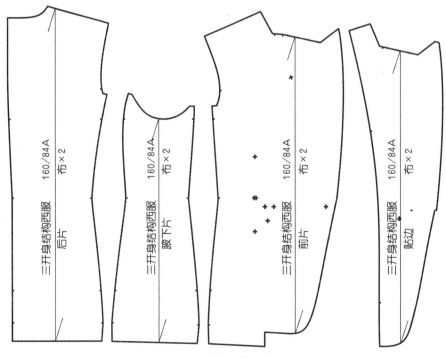

图 2-64　三开身结构西服工业板——面板

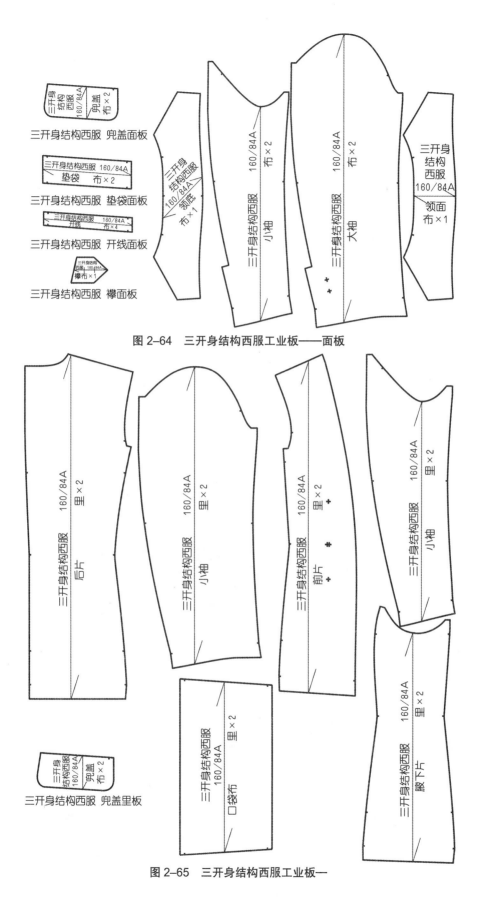

三开身结构西服 兜盖面板

三开身结构西服 垫袋面板

三开身结构西服 开线面板

三开身结构西服 襻面板

图 2-64 三开身结构西服工业板——面板

三开身结构西服 兜盖里板

图 2-65 三开身结构西服工业板一

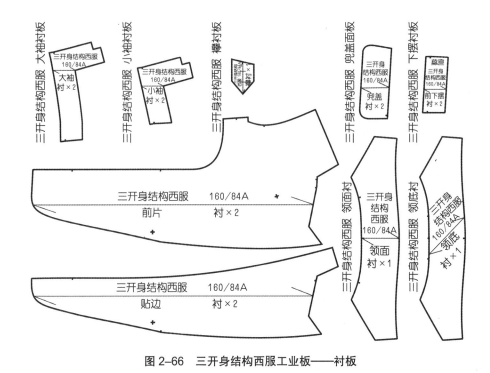

图2-66 三开身结构西服工业板——衬板

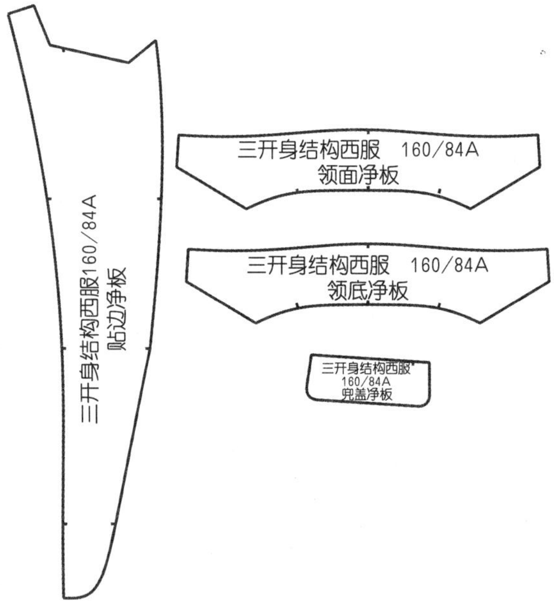

图2-67 三开身结构西服工业板——净板

思考题

1. 结合所学的西服结构原理和技巧设计两款女式西服，要求以1:1的比例制图，并完成全套工业样板，制作样衣，修正纸样。

2．课后进行市场调研，认识女西服流行的款式和面料，认真研究近年来女西服样板的变化与发展，自行设计五款流行的女西服款式，要求以 1:5 的比例制图，并完成全套工业样板。

3．针对女西服各个部位（领子、袖子、口袋、门襟等）进行结构设计，结合成衣分析各部位结构构成原理。

绘图要求

构图严谨、规范，线条圆顺；标识准确；尺寸绘制准确；特殊符号使用正确；结构图与款式图相吻合；比例为 1:5；作业整洁。

第三章　女衬衫结构设计

【学习目标】

1. 了解女衬衫常用材料的特性和色彩搭配；

2. 熟练掌握紧身型、适体型、宽松型等各类型衬衫的尺寸加放方法；

3. 掌握女衬衫门襟、领型、袖型的设计变化技巧；

4. 掌握女衬衫结构设计中分割线、褶的运用；

5. 掌握女衬衫结构纸样中净板、样板和衬板的处理方法。

【能力目标】

1. 能根据女衬衫的具体款式进行材料的选择，并能根据具体人体尺寸进行设计；

2. 能在衬衫设计中灵活运用分割线和各种不同类型的省、褶裥；

3. 能根据衬衫具体款式进行制板，使其既符合款式要求，又符合生产需要。

第一节　女衬衫概述

一、女衬衫的产生与发展

女衬衫又称罩衫，英文中用 blouse 特指女式衬衫，一般是指从肩部到中腰线或到臀围线上下的、妇女穿用的服装的总称。

追本溯源，女衬衫是由两种服装形式演变而来的，一种是从妇女穿用的内衣中变化而来的。在 15 世纪，女衬衫多作为内衣穿着，可以从长袍的领口或袖开口处看到里层作为内衣穿着的白衬衣；另一种是由男衬衫（shirt）演化而来的，这类衬衫保留了男士衬衫的气质，如具有开门襟、男衬衫领、肩部过肩、袖克夫等结构特征。女衬衫是在 19 世纪末出现的，在这之前，尤其是在 15 世纪到 19 世纪之间，男女服装都极富有装饰性，以豪华、高贵甚至是奢侈的着装风格为时尚。

二、女衬衫的分类

女衬衫可以根据着装目的、外轮廓、门襟、穿着的效果以及细节分类。

1. 按女衬衫的着装目的分类

① 高级衬衫。在重要的社交活动中穿着，如宴会、晚会、庆典等。高级衬衫质地精美、有艺术感，以黑色或白色为最佳。

② 职业休闲衬衫。在上班、日常活动中穿着，选料、选型趋向舒适，职业装休闲化。这

类衬衫精致、简洁，能塑造女性庄重、干练的形象。

③ 休闲居家衬衫。居家、散步、游玩时穿着，这类衬衫一般采用舒适的纯棉面料，色彩图案偏个性化。

2. 按女衬衫的外轮廓分类

① 男衬衫式。直线裁剪，领子、门襟和袖克夫都借用男衬衫的风格，比较具有动感。

② 短茄克式。上衣宽松，衣长过腰围线并适当延长，下摆处穿带子或绳子后收腰或者下摆带有合体腰带。

③ 罩衫式。这是一种底摆可以罩在裤子或裙子的外面来穿着的女衬衫。此类女衬衫虽然衣长不定，但下摆与衣长的平衡是很关键的。

④ 马球衫式。一种休闲风格的女衬衫，采用针织面料，开领，短开襟。

⑤ 裹襟式。前两片相互重叠，并在一侧打结，穿着舒适、大方。

⑥ 露肩式。类似于衬衣小背心、吊带衫的女衬衫，一般为贴合人体的设计。

3. 按女衬衫门襟结构分类

① 暗门襟式。通常采用连裁设计，止口不裁开，也有考虑到排料和省料而做裁开设计的。

② 明门襟式。设计方法很多，根据需要也有裁开设计、不裁开设计两种。裁开设计多用于单面印面料、衣身与门襟撞色、特殊拼接的款式设计。不裁开设计多用于条格面料及双面印面料。

4. 按女衬衫的领子结构分类

① 关门领。最基本的领型，因领型较小，故有休闲、轻便的感觉。

② 带领座（底领）的衬衫领。底领直立环绕颈部一周，翻领拼缝于领底之上的领型，这种领型也叫男衬衫领。

③ 传统暗扣领。左右领子上缝有提纽，领带从提纽上穿过，领部扣紧的衬衫领讲求严谨，强调领带结构的立体形象，穿着这种领型的衬衫必须打领带，通常打紧密的小结，领部才显得妥帖。

④ 浪漫"温莎"领。左右领子的角度在120°～180°之间。这一领型又称敞角领。

⑤ 纽扣领。运动型领尖以纽扣固定于衣身，原是运动衬衫，典型的美国风格，随意自然。这一领型多用于休闲风格的衬衫上，如牛仔衬衫。部分商务衬衫采用纽扣领，目的是固定领带，适合年轻人。

⑥ 海军领。前领围呈V字形，而后领呈四方形，并下垂为宽大坦领。常见于海军或水手服。

⑦ 蝴蝶结领。领子呈长条、带状，可结成蝴蝶结。根据所采用的纱向（料纱、经纱）不同，蝴蝶结的视觉效果也不同。

⑧ 荷叶边领。没有领座，使用斜裁布条卷住缝份缝在衣身上，领子抽缩成褶裥或皱裥后而形成的领。

第二节 休闲女衬衫结构设计实例

一、款式说明

本款女衬衫属于休闲女衬衫，基本特征是衣身呈现 H 型轮廓，为体现宽松舒适的着装状态，前、后片的腰围处不设腰省及侧缝省，呈直线型；前、后肩部设有分割线且后过肩设有褶裥；前片设有贴胸袋；衣身长度比正常衣身较长；底摆为左右对称的圆摆样式；领子是普通的翻领；袖子为长袖，袖口设有袖克夫；门襟是带有贴边处理的形式。本款衬衫可以与裙子、裤子等组合，适合于休闲娱乐场所穿着，如图 3–1 所示。

本款衬衫的面料选择上，可以选用真丝、纯棉细布、优质纯棉面料、斜纹布、牛仔布、麻、化纤类面料等混合莱卡的有一定弹性的面料。

① 衣身构成：本款衬衫属于三片分割线造型的四片衣身结构，前、后片的腰围处不设腰省及侧缝省，呈直线型；多用于夏季休闲上衣结构或春秋轻便上衣的结构，衣长在腰围线以下 35～38cm。

② 衣襟搭门：单排扣，带有贴边形式的门襟，下摆为左右对称的圆摆样式。

③ 领：领子为一片翻领的结构设计。

④ 袖：一片绱袖，有袖头，袖开衩为普通绲边形式。

⑤ 后片褶裥：后片中间设有活褶裥。

⑥ 衣袋：前片设有胸贴袋。

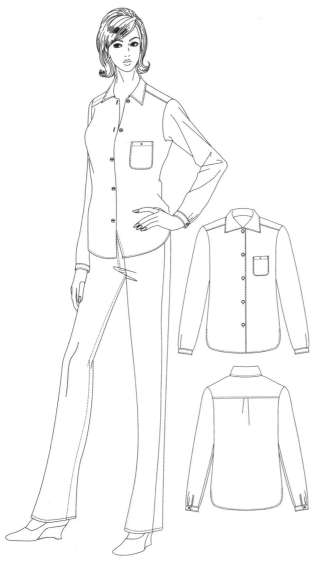

图 3–1 休闲女衬衫效果图、款式图

二、面料、辅料的准备

1. 面料

幅宽：幅宽采用 144cm 或 150cm；

估算方法：（衣长 + 缝份 10cm）× 2 或衣长 + 袖长 + 10cm，需要对花对格时适量加。

2. 辅料

① 薄黏合衬。幅宽：90cm 或 120cm，用于翻领、贴边、袖头等部位。

② 纽扣。直径为 0.5 ～ 1cm 的纽扣 8 个，用于前搭门、胸贴袋以及袖头。

三、作图

准备好制图的工具和作图纸，制图线和符号要按照制图要求正确画出。

1. 确定成衣尺寸

成衣规格为 160/84A，依据是我国使用的女装号型 GB/T 1335.2—2008《服装号型 女子》。基准测量部位以及参考尺寸，如表 3–1 所示。

表 3–1　休闲女衬衫成衣系列规格表　　　　　　　　　　　　　单位：cm

名称 规格	衣长	袖长	胸围	下摆大	肩宽
155/80(S)	71	52.5	113	113	40
160/84(M)	73	53.5	117	117	41
165/88(L)	75	54.5	121	121	42
170/92(XL)	77	55.5	125	125	43
175/96(XXL)	79	56.5	129	129	44

2. 制图步骤

休闲女衬衫结构属于三片结构的基本纸样，这里将根据图例分步骤进行制图说明。

第一步　建立衬衫的前、后片框架结构

① 作出衣长。

a. 后衣长：由款式图分析该款式为宽松式衬衫，将后中心线垂直交叉作出腰围线，放置后身原型，由原型的后颈点在后中心线上向下取衣长，作出水平线（下摆辅助线），后衣长为 73cm，如图 3–2 所示。

b. 前衣长：作后下摆线辅助线反方向的延长线交于前止口，即前衣长。

② 作出胸围线。

a. 由原型后胸围线作出水平线，在后片原型的胸围线上向侧缝外放出 7.5cm，并作后胸围线的垂线至下摆辅助线上。

b. 在胸围线上由前中心线与胸围线的交点向侧缝外放出 4cm，并作前胸围线的垂线至下摆辅助线上。

③ 作出腰围线。由原型后腰围线作出水平线，将前腰围线与后腰围线复位在同一条线上。

④ 绘制前止口线。与前中心线平行 1.5cm 绘制前止口线，并垂直交到下摆辅助线，成为前止口线。搭门的宽度一般取决于扣子的宽度和厚度，也可取决于款式设计的宽度。

⑤ 作出前后下摆线辅助线。在后中心线上量取后衣长作水平线即为后片下摆线辅助线；作后下摆线辅助线反方向的延长线交于前止口，即前下摆辅助线。

⑥ 解决胸凸量。根据前后侧缝差的比例分配法，将前片胸凸量解决分配。

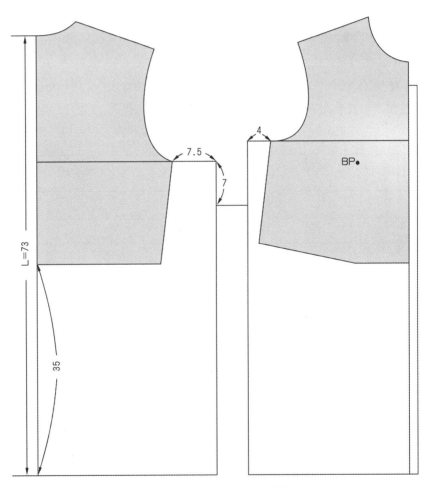

图 3-2　建立合理的休闲女衬衫结构框架图

第二步　衣身作图

① 作出衣长。与后中心线垂直交叉作出腰围线，放置后身原型，由原型的后颈点在后中心线上量取衣长 73cm，作出水平线（下摆辅助线），如图 3-3 所示。

② 胸围线。胸围的松量一般是在原型的基础上追加放量的。休闲衬衫胸围一般的松量达到 16cm 以上，属于宽松型。本款休闲衬衫以原型为基准，按照成衣胸围尺寸，胸围放松量不够，因此在后胸围加入放松量 7.5cm、前胸围加入放松量 4cm 来达到成衣胸围的尺寸。

a. 在原型后片的胸围线上向外放出 7.5cm，作垂线至下摆辅助线上，即后侧缝辅助线。

b. 在原型前片胸围的线上向外放出 4cm，作垂线至下摆辅助线上，即前侧缝辅助线。

③ 腰围。根据款式的要求和衬衣的成品腰围尺寸，腰围处不设任何省道，如图 3-3 所示。

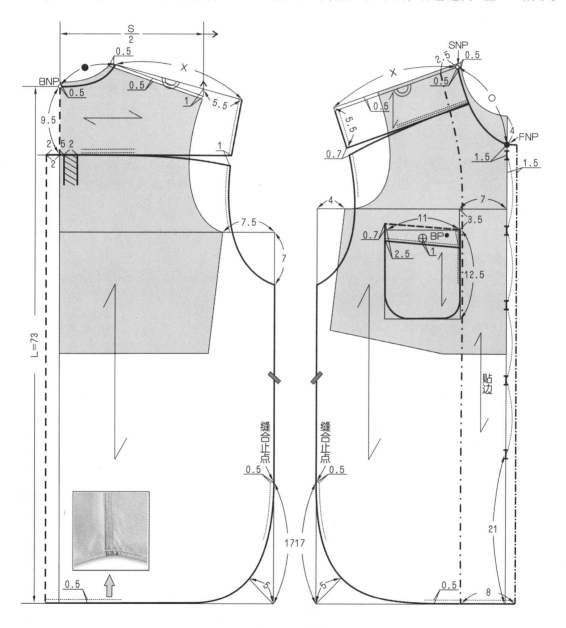

图 3-3　休闲女衬衫衣身结构图

④ 领口。因领口要绱企领，所以要考虑领口的开宽和加深。

a. 后领口：从原型的后中心点向下摆方向量取 0.5cm 作为新的后中心点；从原型的后侧颈点向后袖窿方向量取 0.5cm 并向下摆方向低落 0.5cm 作为新的后侧颈点，将量取之后的两点连成圆顺的后领口弧线，即为新后领口。

b. 前领口：从原型的前中心点向下摆方向量取 4cm 作为新的前颈点；从原型的前侧颈点向前袖窿方向量取 0.5cm 并向下摆方向低落 0.5cm 作为新的前侧颈点，将量取之后的两点连成圆顺的后领口弧线，即为新后领口。

⑤ 肩宽。

a. 后肩宽：从原型后中心线水平向原型肩线量取肩宽（S/2 = 20.5cm）为后肩宽。

b. 前肩宽：取后侧肩宽的实际长度等于前侧肩宽。肩部没有任何吃缝量，因此前侧肩宽长度取后侧肩宽长度。

⑥ 肩斜线。

a. 后肩斜线：后肩斜线在新后肩端点上抬高 1cm 的宽松量，由新的后侧颈点连线作出后肩斜线，由水平肩宽交点延长 4.5～5.5cm 的落肩量，该量在制成成衣后保证手臂有足够的宽松量。

b. 前肩斜线：前肩斜在新的肩端点向下摆方向低落 0.5cm，然后由新的前侧颈点连线画出，长度取后肩斜线长度"X"，保证前后肩线长度相同。

⑦ 前后袖窿深线。由原型后腋下点向下开深 7.5cm，前袖窿深线与开深之后的后袖窿深线保持一致。

⑧ 后过肩、后袖窿省。由新后颈点向下摆方向量取 9.5cm 作水平线交于后袖窿线上，过肩线与袖窿线的交点向下 1cm，作出袖窿省。

⑨ 绘制后片褶裥。由过肩线与后中心线的交点向后袖窿的反方向量取 2cm，定位点一；由点一作垂直于下摆辅助线并交于下摆线上的直线。在后片过肩线上由点一向后袖窿方向量取 2.5cm 来确定褶裥的位置，褶裥量为 2cm，作出后片褶裥量。

⑩ 完成前后侧缝线。按胸腰差的比例分配方法，量取后侧缝长等于前侧缝长，前后侧缝均等。

⑪ 绘制前后下摆。前后下摆辅助线与前后侧缝辅助线交点分别向上 17cm，再将前后下摆辅助线与前后侧缝辅助线交点作 45°角平分线，并量取平分线的长度为 5cm。最后将下摆曲线平缓画顺。

⑫ 前过肩。由新前颈点向下 4.5～5.5cm 作水平线交于前袖窿弧线，作 5.5cm 分割线平行于前肩斜线，将该裁片与后过肩对位整合成为后过肩裁片。

⑬ 绘制门襟。设计门襟宽 1.5cm，即：前搭门宽为 1.5cm，以前中心线为中心，绘制平行于前中心线 1.5cm 的门襟线，并垂直画到下摆线。

⑭ 确定前胸袋、前胸袋扣位。由原型的前中心线与胸围线的交点向前袖窿方向量取

7cm，再从 7cm 点作垂直线，长度为 3.5cm，作为前胸袋的起点。胸贴袋的宽度：从胸贴袋的起点向侧缝方向量取 11cm 作为胸贴袋的宽度，起翘 0.7cm 作为袋口止点；胸贴袋的长度：从胸贴袋的起点向下摆方向量取 12.5cm 作为胸贴袋的长度止点，将四条线依次用直线和曲线连接圆顺；前胸袋扣位的位置由胸袋宽的 1/2 距离定出即可。

⑮ 纽扣位。前门襟为五粒扣，第一粒扣是由前颈点向下 4cm，最后一粒扣是前下摆向上 21cm，剩余扣位则是第一粒扣与最后一粒扣作平分定出。

⑯ 眼位。衬衫前门襟的纽扣共五粒，眼位为竖眼；袖口的眼位为横眼。

⑰ 作出贴边线。在肩线上由新侧颈点向肩端点方向量取 2.5cm，在下摆线上由前门止口向侧缝方向取 7～9cm，将两点连线作出贴边线。

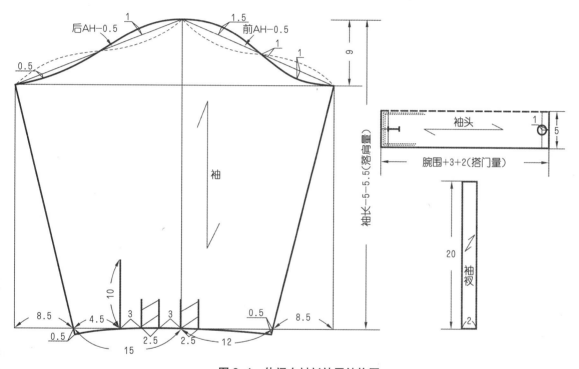

图 3-4　休闲女衬衫袖子结构图

第三步　袖子作图（一片袖结构制图及分析）

休闲女衬衫袖子结构图如图 3-4 所示。

① 绘制基础线。十字基础线：先作一垂直十字基础线。水平线为落山线，垂直线为袖中线。

② 袖长。袖长 = 成品袖长 - 5cm（袖头宽）- 5.5cm（落肩量）= 43cm。

③ 袖山高。衬衣袖山高根据袖子款式设计给出定量 8～10cm。

④ 前后袖山斜线。前袖山斜线按前（AH - 0.5）定出，后袖山斜线按后（AH - 0.5）定出。袖子的袖山总弧长应等于或小于前后袖窿弧长的总和（成品衬衣的袖窿缝份倒向衣身袖窿）。

⑤ 前后袖山弧线。前袖山斜线分二等份，后袖山斜线分二等份，然后按图画出。

⑥ 袖口开衩位。从后袖口宽进 4.5cm 开始画出，袖口开衩长为 10cm。

⑦ 袖口褶。袖口褶二个，宽度为 2.5cm，由袖开衩向袖中线方向分别量取 3cm。

⑧ 绘制袖头、袖衩绲条。袖头长度 = 17cm（手腕围）+ 3 ～ 4cm（手腕的松量）+ 2cm（搭门量），袖口宽为 2.5cm。作出长方形，按图画出即可。袖衩绲条的确定：袖衩绲条长度为 20cm，宽度为 2cm。

第四步 企领作图（领子结构设计制图及分析）

领子为企领，应先设定后底领高为 3cm，翻领高为 4cm，前领面宽按照款式需求设计。

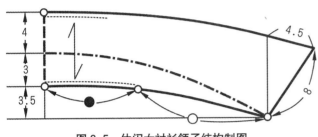

图 3-5 休闲女衬衫领子结构制图

① 确定前后衣片的领口弧线。确定后衣片的领口弧线长度 ●（后颈点至侧颈点），前衣片的领口弧线长度 ○（前颈点至侧颈点），并分别测量出它们的长度，如图 3-5 所示。

② 作出直角线。以后颈点为坐标点画一垂线，垂直的垂线为后中心线。

③ 确定领底线的凹势。在后中心线上由后颈点向下量取 3cm，确定领底线的凹势，作出水平线为领口辅助线。

④ 作出后领面宽。在后中心线上由后颈点向上量取 3cm 定出后领座高，作出水平线；接着向上量取 4cm，定出后领面宽，作水平线为领外口辅助线。

⑤ 确定领底线。领底线长 = 后领口弧线长度 + 前领口弧线长度 = ● + ○。在后领座高水平线上由后颈点取后领口弧线长度 ●，再由该点向领口辅助线上量取前领口弧线长度 ○，确定前颈点，画顺前、后领底线。

⑥ 确定领外口线。在领外口辅助线上，由后中心线的交点与前绱领口点连接画顺。领外口的状态根据款式设计需要而定。

⑦ 确定领翻折线。由后领座高和后中心线的交点与前颈点连线。

四、修正纸样

修正纸样，完成结构处理图。

基本造型纸样绘制之后，就要依据生产要求对纸样进行结构处理图的绘制。完成后片过肩与前片过肩的整合，如图 3-6 所示。

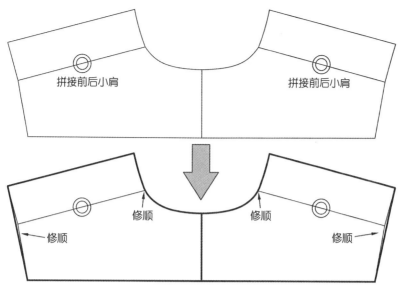

拼接前后小肩　　　　　　　　拼接前后小肩

修顺　　修顺　　修顺　　修顺

图 3-6　前后过肩拼合处理图

五、工业样板

本款休闲女衬衫工业样板的制作，如图 3-7 ～图 3-10 所示。

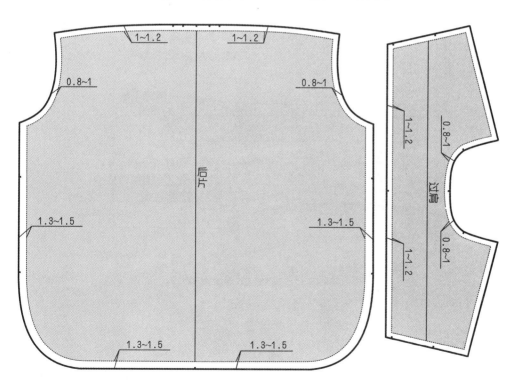

图 3-7　休闲女衬衫结构面板的缝份加放

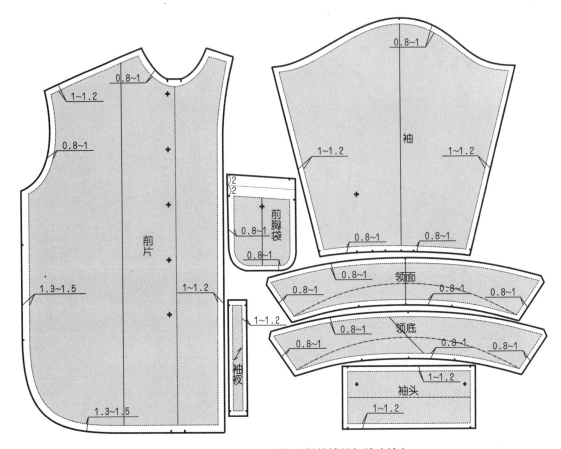

图 3-7　休闲女衬衫结构面板的缝份加放（续）

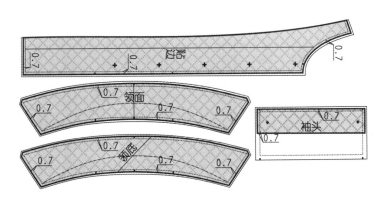

图 3-8　休闲女衬衫结构衬板的缝份加放

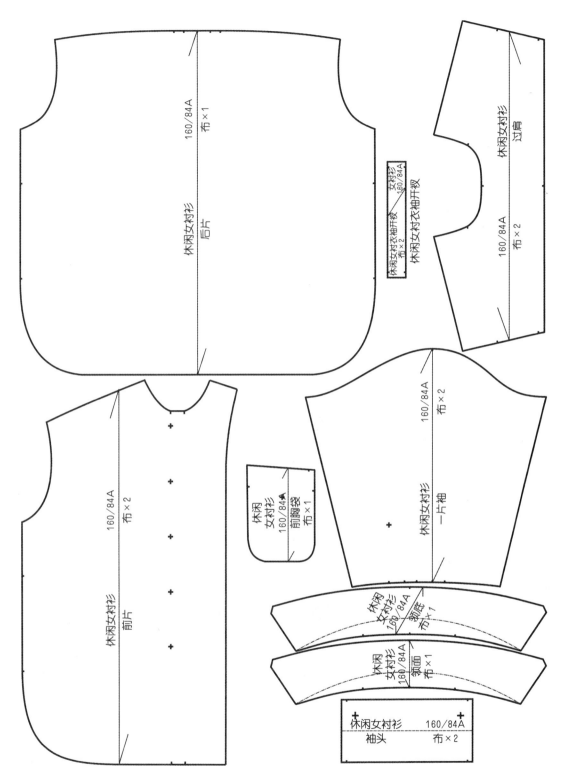

图 3-9　休闲女衬衫结构工业板——面板

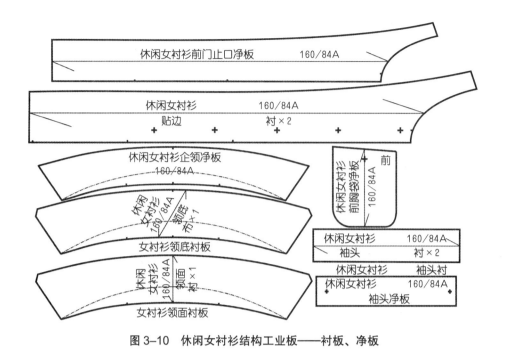

图 3-10　休闲女衬衫结构工业板——衬板、净板

第三节　蝴蝶结领女衬衫结构设计实例

一、款式说明

本款女衬衫是一款具有温柔感的蝴蝶结领女衬衫，此款女衬衫的基本特征是衣身呈现 H 型轮廓，前、后肩部设有分割线且前肩设有碎褶，后肩处收省；底摆为平摆样式；袖子为中袖，袖口设有松紧带抽摺；因此本款式蝴蝶结领样给人华丽、庄重之感，常配套西服套装穿着，如图 3-11 所示。

本款衬衫的面料选择上，可以选用柔软的真丝、优质纯棉、麻、化纤类等面料，也可以选用含莱卡的有一定弹性的面料。

① 衣身构成：本款衬衫属于三片分割线造型的五片衣身结构，前、后片的腰围处不设腰省及侧缝省，呈直线型；本款女衬衫为春夏季上衣或春秋季便装，衣长在腰围线以下 18～20cm。

② 衣襟搭门：单排扣，带有贴边形式的门襟，下摆为直摆样式。

③ 领：设有蝴蝶结。

④袖：一片绱袖，袖口处设有抽松紧带。

⑤ 前、后片过肩：后片设有过肩；前片设有过肩且过肩处设有碎褶。

二、面料、辅料的准备

1. 面料

幅宽：幅宽采用 144cm 或 150cm；

估算方法：（衣长 + 缝份 10cm）×2 或衣长 + 袖长 + 10cm，需要对花对格时适量加）

2. 辅料

① 薄黏合衬。幅宽：90cm 或 120cm，用于蝴蝶结领、贴边等部位。

② 纽扣。直径为 0.5 ～ 1cm 的纽扣 5 个，前搭门处用。

③ 松紧带。直径为 0.5 ～ 0.8cm 的松紧带 50cm，袖口抽褶处用。

三、作图

1. 确定成衣尺寸

成衣规格为 160/84A，依据是我国使用的女装号型 GB/T 1335.2—2008《服装号型 女子》。基准测量部位以及参考尺寸，如表 3-2 所示。

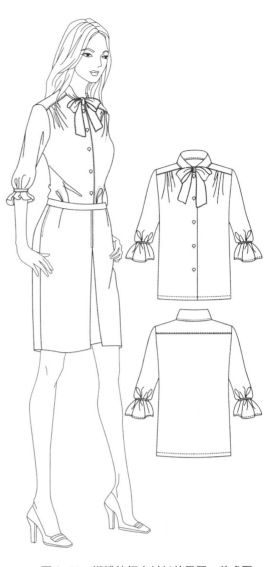

图 3-11　蝴蝶结领女衬衫效果图、款式图

表 3-2　蝴蝶结领女衬衫成衣系列规格表　　　　　　　　　　单位：cm

名称 \ 规格	衣长	袖长	胸围	下摆大	肩宽
155/80（S）	55	31.5	90	90	37
160/84（M）	57	32.5	94	94	38
165/88（L）	59	33.5	98	98	39
170/92（XL）	61	34.5	102	102	40
175/96（XXL）	63	35.5	106	106	41

2. 制图步骤

蝴蝶结领女衬衫女衬衫结构属于三片结构的基本纸样，这里将根据图例分步骤进行制图说明。

第一步 建立衬衫的前、后片框架结构

① 作出衣长。

a. 后衣长：由款式图分析该款式为适体型衬衫，将后中心线垂直交叉作出腰围线，放置后身原型，由原型的后颈点在后中心线上向下取衣长，作出水平线（下摆辅助线），后衣长为 57cm，如图 3-12 所示。

b. 前衣长：作后下摆线辅助线反方向的延长线交于前止口，即前衣长。

② 作出胸围线。

a. 由原型后胸围线作出水平线，在后片原型的胸围线上作后胸围线的垂线至下摆辅助线上，同原型的后胸围相同。

b. 在胸围线上由前中心线与胸围线的交点作前胸围线的垂线至下摆辅助线上。

③ 作出腰围线。由原型后腰围线作出水平线，将前腰围线与后腰围线复位在同一条线上。

④ 绘制前止口线。与前中心线平行 1.5cm 绘制前止口线，并垂直交到下摆辅助线，成为前止口线。搭门的宽度一般取决于扣子的宽度和厚度，也可取决于款式设计。

⑤ 作出前后下摆线辅助线。在后中心线上量取后衣长作水平线即为后片下摆线辅助线；作后下摆线辅助线反方向的延长线交于前止口，即前下摆辅助线。

⑥ 解决胸凸量。根据前后侧缝差的比例分配法，将前片胸凸量解决分配。

第二步 衣身作图

① 作出衣长。与后中心线垂直交叉作出腰围线，放置后身原型，由原型的后颈点在后中心线上量取衣长 57cm，作出水平线（下摆辅助线），如图 3-13 所示。

② 胸围线。胸围的松量一般是在原型的基础上追加放量的。这里不考虑放松量的追加，同原型的前后胸围一样即可。分别作前后胸围线的垂线至下摆辅助线上，即前后侧缝辅助线。

③ 腰围。根据款式的要求和衬衣的成品腰围尺寸，腰围处不设任何省道，如图 3-13 所示。

④ 领口。因领口要绱企领，所以要考虑领口的开宽和加深。

a. 后领口：从原型的后中心点向下摆反方向量取 0.5cm 作为新的后中心点；将量取之后的两点重新连成圆顺的后领口弧线，即为新后领口。

b. 前领口：由于领口处要系蝴蝶结，从原型的前中心点向下摆方向量取 0.7cm 作为新的前颈点，将量取之后的两点连成圆顺的后领口弧线，即为新前领口。前领绱领止点要从前颈点沿领窝弧线向前侧点方向量取 3cm。

⑤ 肩宽。

a. 后肩宽：从原型后中心线水平向原型肩线量取肩宽（S/2 = 19cm）为后肩宽。

b. 前肩宽：取后侧肩宽的实际长度等于前肩宽。

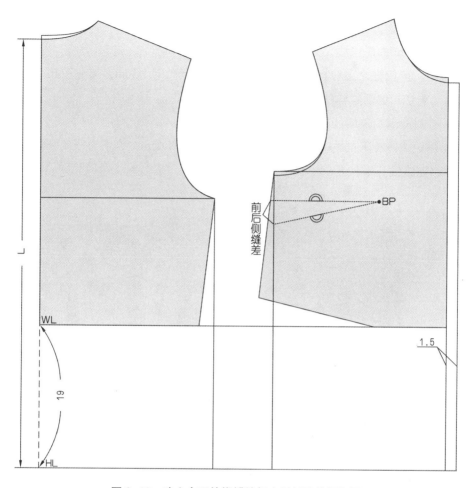

图3-12　建立合理的蝴蝶结领女衬衫结构框架图

⑥ 后肩省、后过肩。后肩省的位置同后片原型肩胛省的位置相同，且宽1.5cm，长8cm。省尖向后中心方向偏移0.7cm。通过后肩省尖的位置作出后肩分割线。

⑦ 前过肩、过肩碎褶。由前颈点向下4cm作水平线交于前袖窿弧线，作4cm分割线平行于前肩斜线；前过肩碎褶的确定，按照前后侧缝差定出前侧缝省，再定出前过肩省位，然后把侧缝省转移至过肩处用作抽过肩碎褶，将该裁片与后过肩对位整合成为后过肩裁片，展开过肩后要适当修正，在后面纸样修正中有所体现。

⑧ 前后袖窿深线。后袖窿深同原型袖窿深保持一致，前袖窿深向下摆方向开深0.5cm。

⑨ 完成前后侧缝线。按胸腰差的比例分配方法，量取后侧缝长等于前侧缝长，前后侧缝均等。

⑩ 绘制前后侧缝线、下摆线。后片的侧缝线、下摆线同原型一样画出即可；前侧缝则是在臀围线上向后中心方向放出1cm，前下摆辅助线与前中心线的交点向前颈点反方向低落0.5cm，作出下摆起翘量，将侧缝线与下摆线连接画顺。

⑪ 绘制门襟。设计门襟宽 1.5cm，即：前搭门宽为 1.5cm，以前中心线为中心，绘制平行于前中心线 1.5cm 的门襟线，并垂直画到下摆线。

⑫ 纽扣位。前门襟为五粒扣，第一粒扣是由前颈点向下 1.5cm，第一粒扣与第二粒扣的间距是 9cm，剩余扣位则同样按照 9cm 的间距作出即可。

⑬ 眼位。衬衫前门襟的纽扣共五粒，眼位为竖眼。

⑭ 作出贴边线。在下摆线上由前门止口向侧缝方向取 6cm，作下摆线的垂直线交于前领口即可，作出贴边线。

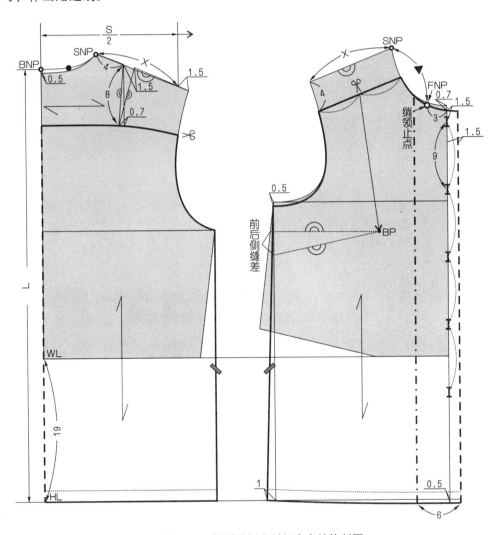

图 3–13　蝴蝶结领女衬衫衣身结构制图

第三步　袖子作图（一片袖结构制图及分析）

袖子结构设计图如图 3–14 所示，制图步骤说明如下：

① 绘制基础线。十字基础线：先作一垂直十字基础线。水平线为落山线，垂直线为袖中线。

② 袖长。袖长 = 成品袖长 = 32.5cm。

③ 袖山高。衬衣袖山高根据袖子款式设计给出定量 AH/3 − 1cm = 13cm。

④ 前后袖山斜线。前袖山斜线按前（AH − 0.5）定出，后袖山斜线按后（AH + 0.5）定出。袖子的袖山总弧长应等于或小于前后袖窿弧长的总和。

⑤ 前后袖山弧线。前袖山斜线分二等份，后袖山斜线分二等份，然后按图画出。

⑥ 袖宽。在前后袖肘线处分别收进 1cm，袖口处则分别向外放出 1cm。

⑦ 袖口松紧褶位。袖口形状同原型袖一样，作出弧线状，再由袖口线与袖中线的交点向袖山点方向量取 4.5cm 作出缝松紧褶的位置。

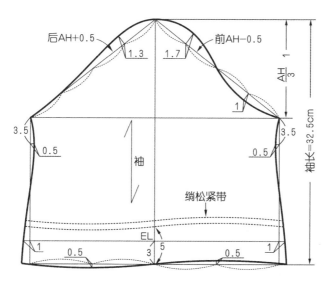

图 3-14　蝴蝶结领女衬衫袖子结构图

第四步　蝴蝶结领作图（领子结构设计制图及分析）

领子为蝴蝶结领，应先设定后底领高为 3cm，前领面宽、蝴蝶结长按照款式需求设计。

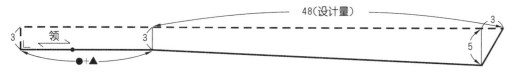

图 3-15　蝴蝶结领女衬衫领子结构制图

① 确定前后衣片的领口弧线。确定后衣片的领口弧线长度 ●（后颈点至侧颈点），前衣片的领口弧线长度 ▲（前颈点至侧颈点），并分别测量出它们的长度，如图 3-13 所示。

② 作出直角线。以后颈点为坐标点画一直角线，垂线为后中心线。

③ 作出后领高。在后中心线上由后颈点向上量取 3cm 定出后领座高，作出水平线为领外口辅助线。

④ 确定领底线、系结领。领底线长 = 后领口弧线长度 + 前领口弧线长度 = ● + ▲。在

后领座高水平线上由后颈点取后领口弧线长度●，再由该点向领口辅助线上量取前领口弧线长度▲，确定前颈点，画顺前、后领底线。系结领带长度为48cm，此长度是设计量，可根据个人喜好或款式要求而定。

⑤ 确定带底宽。根据款式设计需要，将带底宽定为5cm，将带底尖角长定为3cm。

四、修正纸样

修正纸样，完成结构处理图。

基本造型纸样绘制之后，就要依据生产要求对纸样进行结构处理图的绘制。完成后片过肩与前片过肩的整合以及前片过肩处的碎褶，如图3-16所示。

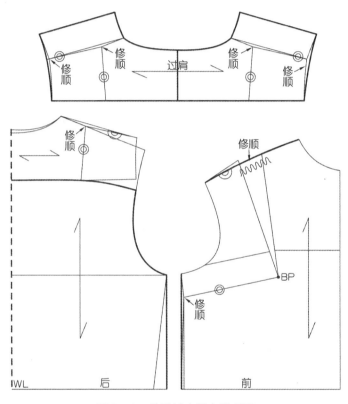

图3-16　前后过肩拼合处理图

五、工业样板

本款蝴蝶结领女衬衫工业样板的制作，如图3-17～图3-19所示。

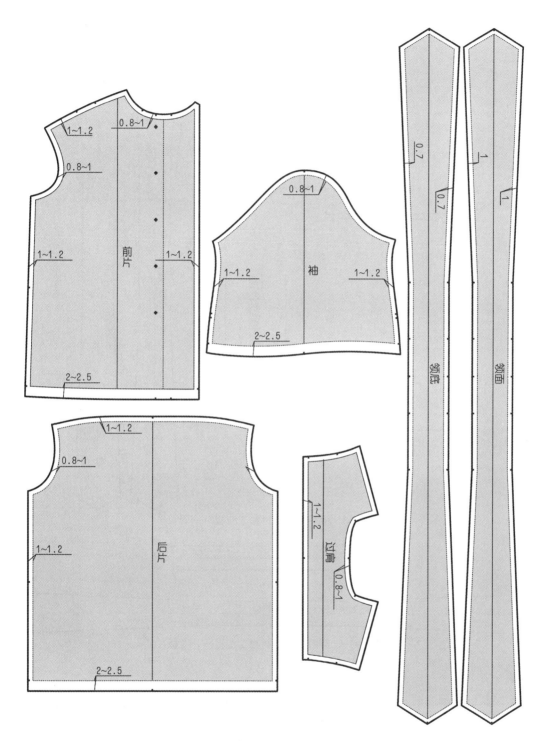

图 3-17　蝴蝶结领女衬衫面板的缝份加放

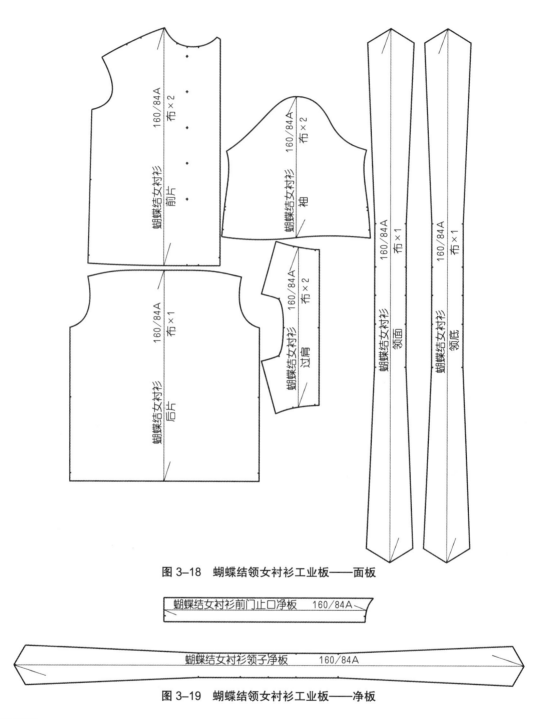

图 3-18　蝴蝶结领女衬衫工业板——面板

蝴蝶结女衬衫前门止口净板　　160/84A

蝴蝶结女衬衫领子净板　　160/84A

图 3-19　蝴蝶结领女衬衫工业板——净板

思考题

　　1. 绘制一款翻立领、暗门襟、合体修身一片袖衬衫结构图；

　　2. 绘制一款直立领、刀背线、合体直身一片袖衬衫结构图。

绘图要求

　　构图严谨、规范，线条圆顺；标识准确；尺寸绘制准确；特殊符号使用正确；结构图与款式图相吻合；比例为 1:5；作业整洁。

第四章　女背心套装结构设计

【学习目标】

1. 掌握女背心套装的分类和对材质的要求；

2. 熟练掌握紧身、适体、宽松女背心套装各部位尺寸的加放方法；

3. 掌握女背心套装的结构制图方法；

4. 熟练掌握女背心套装中胸凸量的转移方法和胸腰差量的分配方法。

【能力目标】

1. 能根据女背心套装的具体款式进行材料的选择，并能进行各部位尺寸设计；

2. 能根据具体款式进行女背心套装的制板；

3. 能进行不同背心套装的工业制板。

第一节　女背心套装概述

一、背心的产生与发展

背心也称为马甲、马夹甲或坎肩，是一种无领、无袖且较短的上衣。主要功能是使前后胸区域保暖并便于双手活动。

背心源于汉，中国魏晋南北朝时期的裲裆是背心的雏型，为敞领无袖束腰衣，仿自汉代的裲裆铠，宋代称作背心。至清代，背心形制多样，有大襟、对襟、琵琶襟等，且男女皆可穿用。它可以穿在外衣之内，也可以穿在内衣外面。主要品种有各种造型的西服背心、棉背心、羽绒背心及毛线背心等。

西装背心起源于16世纪的欧洲，为衣摆两侧开口的无领、无袖上衣，长度约至膝，多以绸缎面料，并饰以彩绣花边，穿于外套与衬衫之间。1780年以后衣身缩短，与西装配套穿用。西装背心现多为单排纽，少数为双排纽或带有衣领。其特点是前衣片采用与西装同面料裁制，后衣片则采用与西装同里料裁制，背后腰部有的还装带襻、卡子以调节松紧。背心是伊朗王二世的宫廷前往英国的访问者带到欧洲的，其原形是有袖子的，并且长于内衣。1666年10月7日英国国王查理二世将背心作为皇室服装确定下来，从政治观点上是为了反对法国文化对英国的影响，以简单的着装来抵制凡尔赛的奢华风格。那时候的背心是由黑色面料和白色丝绸里料通过简单的裁剪的前扣式服装。从英国国王开始，穿着背心在大众中流行开来。

二、背心的分类

现代背心款式按穿法分类有套头式、开襟式（包括前开襟、后开襟、侧开襟或半襟等）；按衣身外形有收腰式、直腰式等；按领式有无领、立领、翻领、驳领等。背心长度通常在腰围线以下、臀围线以上，但女式背心中有少数长度不到腰部的紧身小背心或超过臀部的长背心。一般女式背心为紧身形，男式多为宽大形。

背心一般按其制作材料命名，如皮背心、毛线背心等。它可做成单的、夹的，也可在夹背心中填入絮料。按絮料材质分别称棉背心、羊绒背心、羽绒背心等。随着科技进步和服装材料的发展，20 世纪 80 年代起还出现医疗背心、电热背心等新品种。

第二节　V 领刀背结构女背心实例

一、款式说明

V 领刀背结构女背心为薄面料紧身分割线造型春夏女背心，这种结构的服装衣身造型优美，能很好地体现女性的体态。本款式带有前片及后片刀背结构分割线，这样的基本造型，受流行变化影响不大，常用于职业女套装中。

本款式服装面料采用驼丝锦、贡丝锦等精纺毛织物及毛涤等混纺织物，也可使用化纤仿毛织物，并用黏合衬做成全衬里。

① 衣身构成：是在四片基础上分割线通达袖窿的刀背结构的八片衣身结构，衣长在腰围线以下 5～10cm。前斜角下摆，前门襟三粒扣。前片衣身两侧腰线下方做两个板式口袋。

② 衣襟搭门：单排扣。

③ 领：V 形领线造型。

二、面料、里料、辅料的准备

1. 面料

幅宽：144cm、150cm、165cm。

估算方法为：衣长 + 缝份 10cm，需要对花对格时适量追加。

图 4-1　V 领刀背结构女背心效果图、款式图

2. 里料

幅宽：90cm 、112cm、144cm、150cm。

幅宽 90cm 的估算方法为：衣长 ×2 。

幅宽 112cm 的估算方法为：衣长 ×2 。

幅宽 144cm 或 150cm 的估算方法为：衣长。

3. 辅料

① 厚黏合衬。幅宽：90cm 或 112cm，用于前衣片。

② 薄黏合衬。幅宽：90cm 或 120cm（零部件用），用于侧片、贴边、下摆部位。

③ 黏合牵条。直丝牵条：1.2cm 宽。斜丝牵条：1.2cm 宽。半斜丝牵条：0.6cm 宽。

④ 纽扣。直径 1.5cm 的 3 个，前搭门用。

三、作图

制图线和符号要按照制图要求正确画出，让所有的人都能看明白，这是十分重要的。

1. 确定成衣尺寸

成衣规格：160/84A，依据是我国使用的女装号型标准 GB/T1335.2—2008《服装号型　女子》。基准测量部位以及参考尺寸，如表 4–1 所示。

表 4–1　V领刀背女背心成衣系列规格表　　　　　　　　　　　　　　单位：cm

名称 规格	衣长	胸围	下摆大	肩宽
155/80(S)	45	90	86	32.5
160/84(M)	47	94	90	33.5
165/88(L)	49	98	94	34.5
170/92(XL)	51	112	98	35.5

2. 制图步骤

① 衣长。由后中心线经后颈点往下取衣长 47cm，或由原型自腰节线往下取 9cm。确定下摆线位置，如图 4–2 所示。

② 胸围。加放 10cm，在原型的基础上保持不动。

③ 后领口线。后横领开宽 1cm，确定新后侧颈点，将后颈点和新后侧颈点连接画圆顺，形成新的后领口弧线。

④ 后肩宽。由原型肩宽点回收 4cm，抬升 0.5cm，确定新后肩点。

⑤ 后肩斜线。连接新侧颈点、新肩点，确定后肩斜线 "X"。

⑥ 前肩斜线。由新前侧颈点在前肩线上取后肩斜线长度 "X"，保证前后肩线长度相同，确定新前肩点，如图 4–2 所示。

⑦ 后袖窿线。由原型后腋下点向下开深 4cm，再由新后肩端点与新后腋下点做出后袖窿弧线。

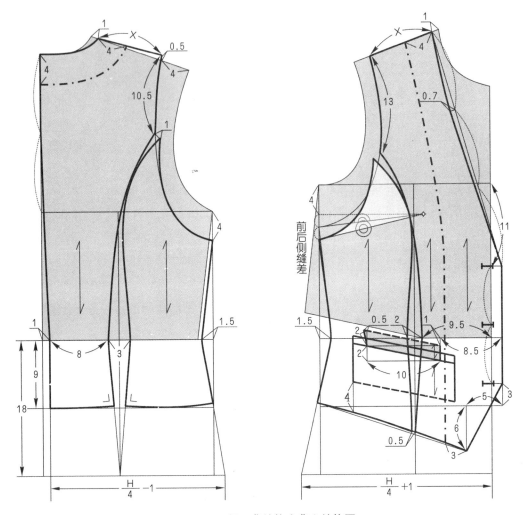

图 4-2　V 领刀背结构女背心结构图

⑧ 前袖窿线。由原型前腋下点向下开深 4cm，将胸凸量的 1/2 等分，由新前肩峰点至胸凸量的 1/2 等分点，画新前袖窿曲线。

⑨ 后中心线。按胸腰差的比例分配方法，在腰线和下摆处分别收进 1cm，再与后颈点至胸围线的中点处连线并用弧线画顺，该线要考虑人体背部状态，呈现女性 S 型背部曲线，在背部体现外弧状态，在腰节体现内弧状态，由腰节点至下摆线画垂线。

⑩ 后刀背线。按胸腰差的比例分配方法，由后腰节点在腰线上取设计量值 8cm，取省大 3cm，由后刀背线省的中点作垂线画出后腰省，在后袖窿线上由新后肩端点取设计量 10.5cm，再在后腰省的基础上画顺袖窿刀背线。绘制后刀背线时需要注意的问题是后刀背线在袖窿位置的确定。后袖窿刀背线在袖窿处要加上袖窿省，这是因为背部的肩胛凸量在无袖结构上会出现袖窿无法包裹住人体，与人体背部产生较大的空隙量，出现衣服与人体不服帖的问题，容易造成成品的不平服的现象，本款设计后袖窿省 1cm。如图 4-3 所示。

⑪ 后臀围线。本款的衣服下摆线在臀围线以上，为了获得准确的下摆尺寸，在结构设计

时需要依据臀围的尺寸获得，在臀围线上从后中心线向前中心线量取臀围的必要尺寸 H/4−1cm = 24cm。

⑫ 后侧缝线。按胸腰差的比例分配方法，由腰线和胸围线的交点收腰省 1.5cm，后侧缝线的状态要根据人体曲线设置，后侧缝线由两部分组成。

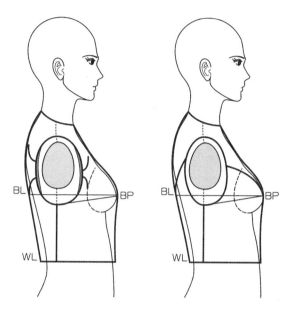

图 4−3　V 领刀背结构女背心袖窿的处理

a. 腰线以上部分：腋下点至腰节点的长度，画好并测量该长度。

b. 腰线以下部分：由腰节点经臀围点连线至下摆线的长度，并测量腰节点至下摆点的长度。

⑬ 后下摆线。在后下摆线上，为保证成衣下摆圆顺，下摆线与侧缝线要修正成直角状态。

⑭ 绘制后领贴边线。在肩线上由后侧颈点向肩点方向取 4cm，在后中心线上由后颈点向下取 4cm，两点连线，画圆顺，绘制出后领贴边线。

⑮ 前刀背线。在前腰节线由前中心线向侧缝方向取设计量 9.5cm，由该点再向侧缝取省大 2cm，平分省大，该线为省的中线，分割线在袖窿的位置可以根据款式需求确定，本款在前袖窿线由新前肩峰点取设计量 13cm 确定前刀背线的位置，由腰省点分别开始画出。最后要把腋下剩余的 1/2 胸凸量转移至前袖窿刀背线中，刀背线的的弧度考虑到工艺制作的需求，弧度尽量不要过大。

⑯ 前臀围线。在臀围线上从前中心线向后中心线量取臀围的必要尺寸 H/4 + 1cm = 26cm。

⑰ 前止口线。前搭门宽 2cm，与前中心线平行 2cm 绘制前止口线，并垂直画到下摆，成为前止口线。

⑱ 前领口线。V 字无领结构，前横领开宽 1cm，确定新前侧颈点，在前中心线上由胸围线向下取 11cm，由该点水平至前止口线确定领口的底点，由新前侧颈点至领口的底点连线，确定新的前领口辅助线，将该线段平分为三等份，由靠近新前侧颈点的 1/3 点内凹取 0.7cm

画顺，绘制新的前领口线。

⑲ 前侧缝线。按胸腰差的比例分配方法，由腰线和胸围线的交点收腰省 1.5cm，长度要与后侧缝线长相等。

⑳ 前下摆撇角。在前止口线上由前下摆辅助线向上量取 3cm，确定点一；在前下摆线上由前止口线水平量进 5cm，再向下延长 6cm，确定点二。连接点一与点二，绘制出前下摆撇角。

㉑ 前下摆线。由点二于侧缝线上与后侧缝线同长度点连线，再弧进 0.5cm。

㉒ 绘制前领贴边线。在肩线上由前侧颈点向肩点方向取 4cm，在下摆线上由前下摆撇角点二向侧缝方向取 3cm，两点连线，画圆顺，绘制出前领贴边线。

㉓ 纽扣位的确定。本款式扣为三粒，在前中心线上，第一粒纽扣位为 V 领口线的底点；第三粒扭扣位为确定前下摆撇角的点一，平分第一粒纽扣位与第三粒纽扣位，确定扣距。

㉔ 确定板式口袋：距前止口线 8.5cm，由腰线下落 1cm，确定前口袋点，向下取袋宽 2cm。袋口长 10cm，后侧起翘 2cm，口袋口向侧缝延长 0.5cm，口袋布长距衣片下摆 4cm，口袋布宽比袋口两边各宽 2cm。

四、工业样板

本款 V 领刀背结构女背心工业样板的制作如图 4-4 ～图 4-9 所示。

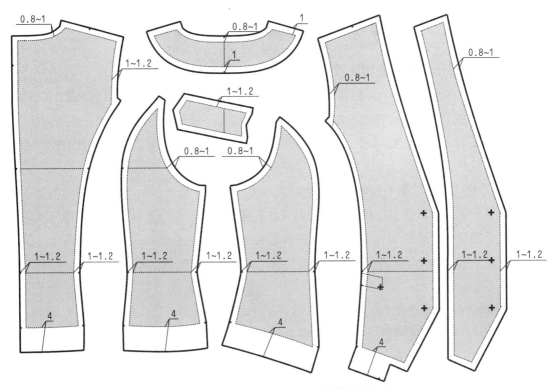

图 4-4　V 领刀背结构女背心面板缝份的加放

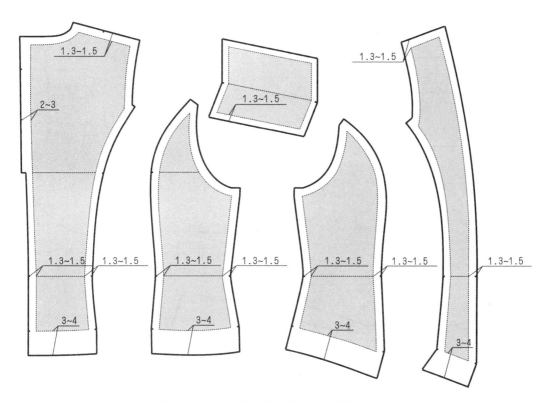

图 4–5　V 领刀背结构女背心里板缝份的加放

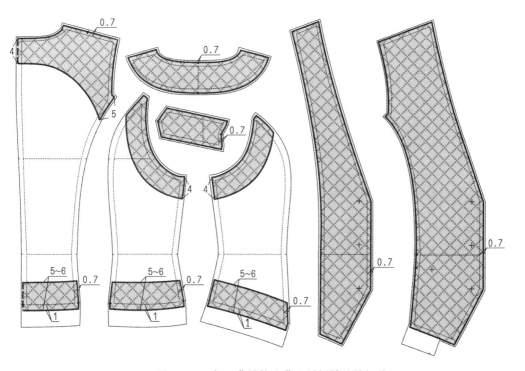

图 4–6　V 领刀背结构女背心衬板缝份的加放

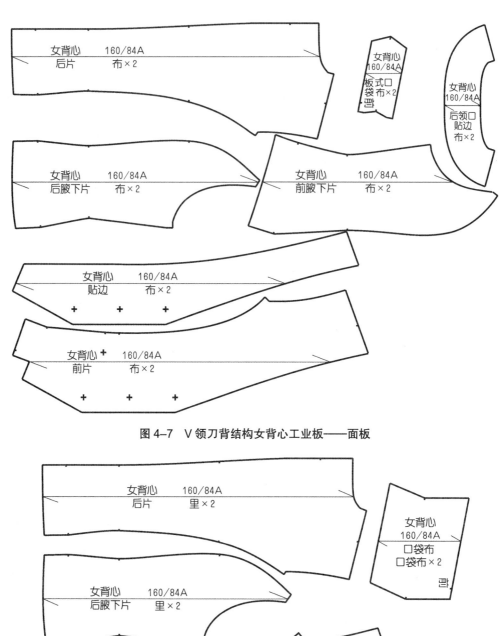

图 4-7 Ｖ领刀背结构女背心工业板——面板

图 4-8 Ｖ领刀背结构女背心工业板——里板

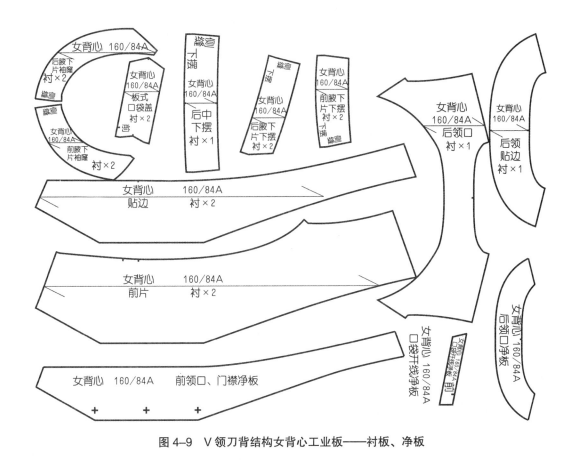

图4-9 V领刀背结构女背心工业板——衬板、净板

第三节　褶领双排扣女背心实例

一、款式说明

本款式服装为褶领双排扣女背心，这种结构的服装领造型新颖，前片为省道结构设计，后片为刀背结构分割线，款式非常适合年轻女性的穿着。

本款式服装面料采用化纤仿毛织物，并用黏合衬做成全衬里。

① 衣身构成：衣长在腰围线以下 15～20cm。前片为一片连领省道结构，前下摆撇角，前门襟双排二粒扣。后片是分割线通达袖窿的刀背结构衣身，后腰节处设有可调节的腰襻。

② 衣襟搭门：双排两粒扣。

③ 领：V 形褶领造型。

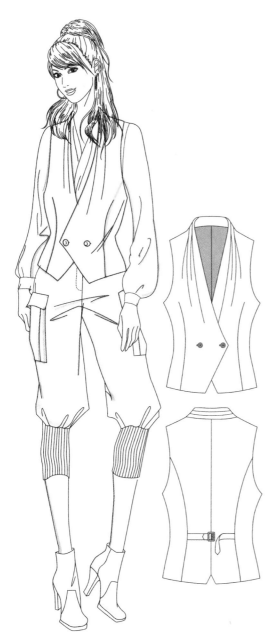

图 4-10　褶领双排扣女背心效果图、款式图

二、面料、里料、辅料的准备

1. 面料

幅宽：144cm、150cm、165cm。

估算方法为：衣长 + 缝份 10cm 或衣长 + 领长 15cm + 10cm，需要对花对格时适量追加。

2. 里料

幅宽：90cm、112cm、144cm、150cm。

幅宽 90cm 的估算方法为：衣长 ×2。

幅宽 112cm 的估算方法为：衣长 ×2。

幅宽 144cm 或 150cm 的估算方法为：衣长。

3. 辅料

① 厚黏合衬。幅宽：90cm 或 112cm，用于前衣片。

② 薄黏合衬。幅宽：90cm 或 120cm，零部件用，用于侧片、贴边、下摆部位。

③ 黏合牵条。直丝牵条：1.2cm 宽。斜丝牵条：1.2cm 宽。半斜丝牵条：0.6cm 宽。

④ 纽扣。直径 1.5cm 的 2 个，前搭门用。

三、作图

制图线和符号要按照制图要求正确画出，让所有的人都能看明白，这是十分重要的。

1. 确定成衣尺寸

成衣规格：160/84B，依据是我国使用的女装号型标准 GB/T1335.2—2008《服装号型 女子》。基准测量部位以及参考尺寸，如表 4-2 所示。

表 4-2　褶领双排扣女背心成衣系列规格表　　　　单位：cm

名称 规格	衣长	胸围	下摆大	肩宽
155/80(S)	52	96	96	28
160/84(M)	54	100	100	29
165/88(L)	56	104	104	30
170/92(XL)	58	108	108	31

2. 制图步骤

① 衣长：由后中心线经后颈点往下取 55cm，在前后原型腰线分别向下取 17cm，水平绘制下摆辅助线，如图 4–11 所示。

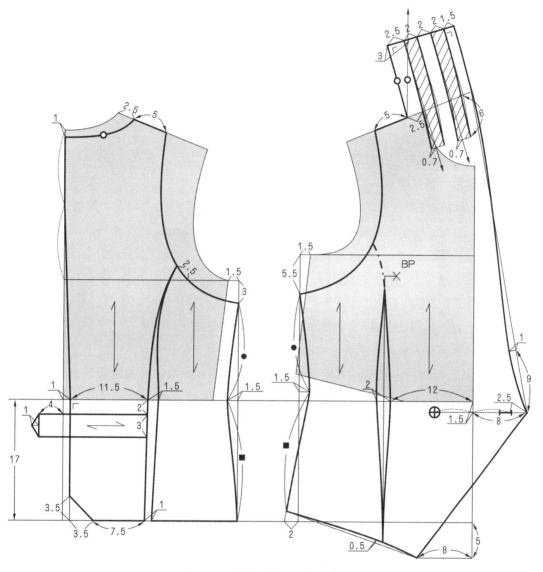

图 4-11　褶领双排扣女背心结构图

② 胸围松量：加放 16cm，在原型的基础上前后胸围放 1.5cm。作胸围线的垂线至下摆线。

③ 后领口线。后横领开宽 2.5cm，确定新后侧颈点，将后颈点向下移动 1cm，确定新后颈点。将新后颈点和新后侧颈点连接画圆顺，形成新的后领口弧线"O"。

④ 后肩宽。在原型肩宽线上由新后侧颈点取 5cm，确定新后肩点。

⑤后肩斜线。连接新侧颈点、新肩点，确定后肩斜线。

⑥前肩斜线。由新前侧颈点在前肩线上取后肩斜线相同长度5cm，确定新前肩点，如图4-11所示。

⑦后袖窿线。由原型后腋下点向下开深3cm，再由新后肩端点与新后腋下点做出后袖窿弧线。

⑧前袖窿线。由原型前腋下点向下开深5.5cm，再由新前肩端点与新前腋下点做出前袖窿弧线。

⑨后中心线。按胸腰差的比例分配方法，在腰线和下摆处分别收进1cm，再与新后颈点至胸围线的中点处连线并用弧线画顺，由腰节点至下摆线画垂线。

⑩后中心下摆撇角。在新后中心线和下摆线的交点分别向上向侧缝方向取3.5cm，形成后中心下摆撇角，该角可以调节臀围尺度的大小。

⑪后刀背线。按胸腰差的比例分配方法，由后腰节点在腰线上取设计量值11.5cm，取省大1.5cm，由胸围线和后袖窿弧线的交点向肩点方向取2.5cm，确定袖窿点，将该点分别与省大点连线。靠近后中的省过腰线与过后中心下摆撇角的7.5cm点连线，由该点向侧缝方向取1cm，将该点与靠近后侧的省连线，形成后刀背线，如图4-11所示。

⑫后侧缝线。按胸腰差的比例分配方法，由腰线和胸围线的交点收腰省1.5cm，后侧缝线的状态要根据人体曲线设置，后侧缝线由两部分组成。

a. 腰线以上部分：腋下点至腰节点的长度，画好并测量该长度。

b. 腰线以下部分：由腰节点经臀围点连线至下摆线的长度，并测量腰节点至下摆点的长度。

⑬后腰调节襻。由后刀背线与腰线的交点向下绘制平行于腰线的平行线，取襻宽3cm，襻长过后中心线4cm，宝剑头长1cm。

⑭前止口线。本款为双排扣的搭门设计，由前腰线和前中心线的交点向下1.5cm，确定水平线，取搭门宽8cm，绘制前止口线点。

⑮前下摆撇角。在前中心线上由前下摆辅助线向下量取5cm，画平行于前下摆辅助线的水平线，水平向侧缝方向量进8cm，确定点一，将该点与前止口线点连线，形成前下摆撇角。

⑯前侧缝线。测量出后侧缝线腰线以上部分及腰线以下部分的长度，按胸腰差的比例分配方法，由腰线和胸围线的交点收腰省1.5cm，由前腋下点与收腰省1.5cm点连线，长度要与腰线以上部分后侧缝线腰线以上部分相等，在胸围线垂线与前下摆辅助线的交点，外放2cm，确定点二，将该点与收腰省1.5cm点连线。在该线段上取后侧缝线腰线以下部分的长度，如图4-11所示。

⑰前下摆线。将点一与点二连线，再弧进0.5cm。

⑱前领口线。V字褶领结构，前横领开宽2.5cm，确定新前侧颈点，由该点垂直向上取

后领口弧线长"O"，倒伏量取 3cm，后领高设计为 6cm，设计 2 个褶量各 2cm。由新侧颈点顺肩线延长 10cm，确定点三，将点三与前止口线点连线，将后领高点和点三及前门止口点连线画顺，要保证领上口线与领后中心线保持垂直，由靠近新前止口点的 9cm 点内凹取 1cm 画顺，绘制新的前领口线。

⑲ 前省线。在前腰节线由前中心线向侧缝方向取设计量 12cm，由该点再向侧缝取省大 2cm，平分省大，该线为省的中线，腰线向上的腰省省尖点不要直接指向胸点，要在胸点的靠下靠侧缝方向，腰线以下的腰省长至前下摆线。

⑳ 绘制前领止口线。在后领中心线由后颈点向上取 6cm，确定点四，将该点与前门止口点两点连线，画圆顺，绘制出前领口止口线，如图 4–12 所示。

㉑ 绘制前领贴边线。将前片腰省延长至袖窿，画圆顺，绘制出前领口贴边线。

㉒ 纽扣位的确定。本款式为双排两粒扣，双排扣服装只有一粒实用的扣子，靠侧缝的扣子为装饰扣，为防止其在穿着的时候衣角出现搭角的现象，通常在该粒装饰扣内侧的贴边的相同位置设计上相同的扣子，在穿着时与里襟反系上。本款实用的扣位点是由前门止口点回量 2.5cm 确定，其距前中心线距离 5.5cm，保证装饰扣扣位距前中心线上扣距相等，如图 4–11 所示。

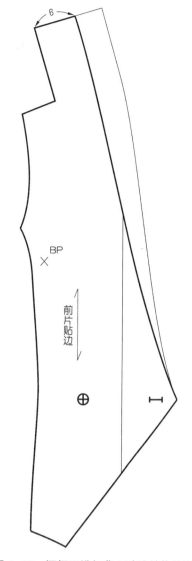

图 4–12　褶领双排扣背心贴边结构处理图

四、修正纸样

基本造型纸样绘制之后，就要依据生产要求进行结构处理图的绘制。完成对领口的修正、对贴边的修正，如图 4–12 所示。

五、工业样板

本款褶领双排扣女背心的工业样板，如图 4–13 至图 4–18 所示。

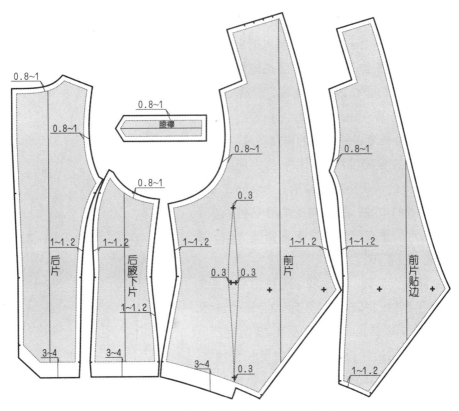

图 4-13　褶领双排扣背心面板缝份的加放

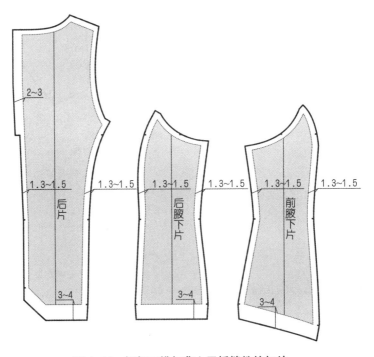

图 4-14　褶领双排扣背心里板缝份的加放

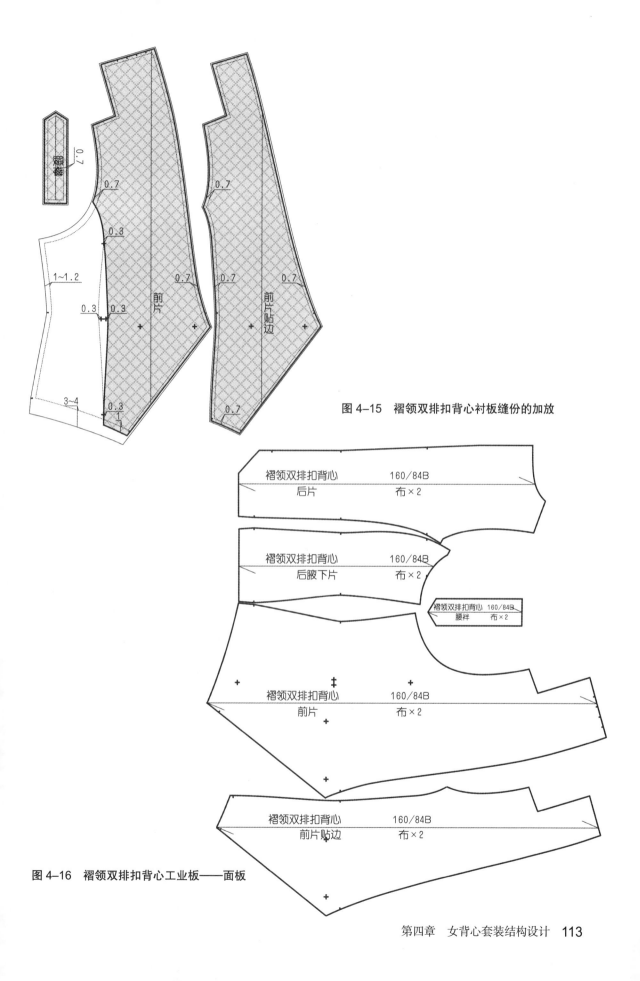

图4-15 褶领双排扣背心衬板缝份的加放

图4-16 褶领双排扣背心工业板——面板

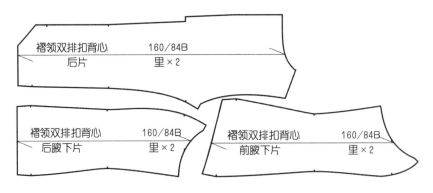

图 4-17 褶领双排扣背心工业板——里板

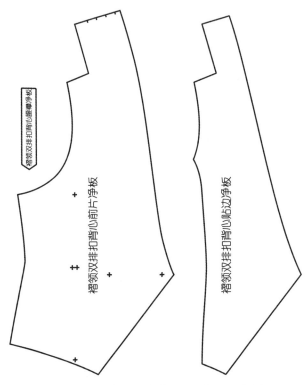

图 4-18 褶领双排扣背心工业板——净板

思考题

　　1. 设计变化款背心结构图一款。

　　2. 设计登山背心结构图一款。

绘图要求

　　构图严谨、规范，线条圆顺；标识准确；尺寸绘制准确；特殊符号使用正确；结构图与款式图相吻合；比例为 1:5；作业整洁。

第五章　连衣裙结构设计

【学习目标】

1. 掌握连衣裙的分类方法和常用材料的选择；

2. 熟练掌握连衣裙各部位尺寸加放和结构变化方法；

3. 掌握连腰型连衣裙和接腰型连衣裙基本造型设计和结构制板原理；

4. 掌握连衣裙结构纸样中净板、毛板和衬板的处理方法。

【能力目标】

1. 能根据连衣裙的具体款式进行材料选择，并能根据具体人体进行各部位尺寸设计；

2. 能对不同腰线位置的连衣裙进行造型设计和结构制图；

3. 能对无腰线连衣裙中的公主线、刀背线进行合理设计，能正确分配省量；

4. 能根据连衣裙具体款式进行制板和放板，既符合款式要求，又符合生产需要。

第一节　连衣裙概述

一、连衣裙的产生与发展

裙最初是男女衣服的总称。

连衣裙又称作"连衫裙"、"布拉吉"，是衣身与裙身拼接在一起的女性服装。连衣裙除了可以单件穿着外，还可以与茄克或背心等配套穿着。

连衣裙自古以来都是常用的服装款式之一，在我国古代是上衣与下裳相连的深衣，古埃及、古希腊及两河流域的束腰衣，也都具有连衣裙的基本形制。

古埃及的人们普遍穿着套头衫，这种衣服在前中处有开口，可以称为最早的连衣裙。到了文艺复兴时期，男装与女装开始有区别，通过在裙片部位加入裙撑来塑造女裙造型。在巴洛克和洛可可时期，层层的衬裙取代了裙撑，出现了蓬松鼓起的袖子，并且用了大量奢华的装饰材料。到了 19 世纪末，出现了只在后腰处使用腰撑的裙子，之后裙装越来越趋于简洁化。在第一次世界大战后，由于女性开始参与社会工作，着装渐渐男性化，低腰直筒型的裙装开始流行，裙长变短，出现了直身型。

连衣裙的变化过程为：古埃及时期（简单直身型）→文艺复兴时期（收腰、裙撑）→巴洛克时期（高腰线、圆锥形）→洛可可时期（人造撑架、裙后为设计点）→拿破仑时期（高腰线、合体、直线型、泡泡袖、大领口）→王政复古时期（收腰）→第二帝政时期（吊钟状、硬衬、宽底摆、塔袖、小领）→ 19 世纪末（后腰撑）→新艺术时期（钟形、羊腿袖）→ 1910 年左右（裙长离地）→装饰艺术时期（直筒型、裙长变短）→ 1930 年左右（细长裙）。现在的连衣裙样式越来越丰富，裙长、下摆等各个尺寸随着流行在不断变化，设计感及服装内涵更强。

二、连衣裙的分类

连衣裙款式种类繁多，有多种不同的分类方法。

1. 按连衣裙的外轮廓分类

按连衣裙的外轮廓进行划分，可分为直筒型、合体兼喇叭型、梯型、倒三角型等等。在这些廓形的基础上通过改变分割线或细节部位，可以呈现不同的设计效果。通常分割线为水平方向或纵向，也有斜向的不对称分割。

① 直筒型连衣裙。外形较为宽松，不强调人体曲线，在下摆处略微收进，呈直线外轮廓造型，也可称为箱型轮廓。

② 合体兼喇叭型连衣裙。上身贴合人体，腰线以下呈喇叭状，是连衣裙基本的款式。

③ 梯型连衣裙。肩宽较窄，从胸部到底摆自然加入喇叭量，底摆较大，整体呈梯形。

④ 倒三角型连衣裙。上半身的肩部较宽，在底摆的方向衣身逐渐变窄，整体呈倒立的三角形。适合于肩宽较宽、臀部较窄的人。

2. 按连衣裙的分割线分类

连衣裙分割线分为两种，一种是按连衣裙水平方向的分割线进行划分，一种是按纵向分割线进行划分。

（1）按连衣裙水平方向的分割线进行划分

连衣裙中水平方向的分割线属于接腰型连衣裙，其中包括标准型、低腰型、高腰型，如图 5-1 所示。

① 标准型连衣裙。指连衣裙在腰部最细处进行分割，这种款式是连衣裙最基本的分割方式。

② 高腰型连衣裙。指在正常腰围线与胸围线之间进行分割，分割线以上是设计的重点。

③ 低腰型连衣裙。指在正常腰围线以下进行分割，如果分割线的位置低至腰部以下、臀位线处，即为低腰造型的连衣裙。

（2）按连衣裙的纵向分割线进行划分

连衣裙中纵向分割线的连衣裙属于直腰型连衣裙，其中包括贴身型、带公主线型、帐篷型，如图 5-2 所示。

图 5-1 接腰型连衣裙   图 5-2 直腰型连衣裙

① 贴身型连衣裙。比起直筒型还要紧身、合体的连衣裙。上部要以感觉出胸高为佳,从腰到臀部要自然合体,裙子的侧缝线是自然下落的直线形。

② 公主线型连衣裙。指从肩至底摆并且通过胸高点的纵向分割线,更适合表现人体优美的曲线。造型优雅,适合于任何体型。

③ 帐篷型连衣裙。指直接从上部就开始宽松、扩展的形状,也有从胸部以下向下摆扩展的形状。

三、连衣裙面、辅料简介

1. 面料分类

夏季的面料较轻薄,衣片常常采用斜纱,使面料比较容易出现柔软的感觉,此时需要考虑悬垂性对斜纱面料的影响。有些连衣裙的面料会选用棉、薄型毛料或化纤织物等材质。

2. 辅料的分类

① 里料分类。根据不同的服装形态会选用不同的里料来与之相配,醋酸纤维、涤纶、乔其纱、真丝、电力纺等为几种常用里料。

② 衬料分类。夏季的连衣裙需要考虑透气性,衬料往往选用薄布衬或薄纸衬,防止服装衣片出现拉长、下垂等变形现象。

③ 其他辅料。

a. 拉链:长 50 ~ 60cm,后中用;长 35 ~ 40cm,侧缝用。

b. 纽扣:直径为 1 ~ 1.2cm,衣片用。

除此之外还有很多装饰用的辅料,比如花边、蕾丝、丝带、珠片等。

第二节　连腰型连衣裙结构设计实例

一、款式说明

本款为连腰型连衣裙，造型简单大方，适身收腰造型，领口造型为方领型，收领口省和腰省，右侧缝缝合拉链，合体短袖以及宽松式下摆，连衣裙长至膝盖，它的外形与结构十分符合人们的衣着要求和审美情趣，如图 5-3 所示。领型和腰省是本款连腰型连衣裙结构设计的重点。

图 5-3　连腰型连衣裙结构效果图、款式图

连腰型连衣裙选料是很广泛的，面料一般采用棉布、棉混纺、棉纺绸及水洗布等有一定热塑性的面料，要求手感柔软舒适、保形性优良、吸湿透气性良好等。

连腰连衣裙是把上衣原型和 A 字裙的结构连在一起，再按一定的机能性要求做出。由于本款连衣裙在腰部没有横向剪接的结构线，结构装饰的重点一般就是它纵向的外型轮廓及结构分割线，如前片省线。本款连衣裙的里料为 100% 醋酸绸，属高档仿真丝面料，色泽艳丽，手感爽滑，不易起皱，不起静电，保形性良好。

① 衣身构成：前片收领口省和腰省的两片衣身结构，裙长在腰围线以下53cm ～ 57cm。

② 领：前领为方领型，后领为圆领型，领口大小要根据头围尺寸加上一定的活动量而定，最少不小于头围尺寸（弹性面料除外）；前直开领不易开得过深，否则会露出胸部，根据本款设计要求，不易超过 12cm，保证成衣后的着装效果。

③ 袖：袖子为合体短袖，一片绱袖。

④ 腰：在前片缝合领口到腰部的省量，在后片只缝合腰省来解决胸凸量的问题。

⑤ 下摆：下摆较宽松、圆滑，呈 A 字形。

⑥ 侧缝：在右腋下 3cm 作为装拉链的起点，到臀围线向上 3cm 作为装拉链的终点，缝合拉链时要顺畅，自然。

二、面料、里料、辅料的准备

1. 面料

幅宽：144cm 或 150cm 、165cm。

估算方法为：（衣长 + 缝份 10cm）× 2 或衣长 + 袖长 +10cm，需要对花对格时适量追加。

2. 里料

幅宽：90cm 或 112cm；估算方法为：衣长 × 2。

3. 辅料

① 薄黏合衬。幅宽：90cm 或 112cm ，用于前后领口贴边。

② 拉链。缝合于右侧的隐形拉链，长度在 28cm 左右，颜色应与面料色彩相一致。

三、作图

准备好制图的工具和作图纸，制图线和符号要按照制图要求正确画出。

1. 制定成衣尺寸

成衣规格：160/84A，依据是我国使用的女装号型 GB/T1335.2—2008《服装号型 女子》。基准测量部位以及参考尺寸见表 5–1 所示。

表 5–1 连腰型连衣裙成衣系列规格表   单位：cm

名称 规格	衣长	袖长	胸围	腰围	臀围	下摆大	袖口	肩宽
155/80(S)	88	19	92	78	102	116	29	37
160/84(M)	90	20	96	81	104	120	30	38
165/88(L)	92	21	100	85	110	124	31	39
170/92(XL)	94	22	104	89	114	128	32	40
175/96(XXL)	96	23	108	93	118	132	33	41

2. 制图步骤

连腰型连衣裙属于两片结构的基本纸样，是应用上衣原型和 A 字裙按一定的机能性要求做出的基本型纸样，这里将根据图例分步骤进行制图说明。

第一步 建立成衣的框架结构：确定胸凸量（横向）

结构制图的第一步十分重要，要根据款式分析结构需求，无论是什么款式第一步均是解决胸凸量的问题。

① 做出衣长。由款式图分析该款式为适身连腰型连衣裙，放置后身原型，由原型的后

颈点向下 3cm 作为本款连衣裙后领中心点，从中心点向下量取裙长，作出水平线，即后衣长，如图 5-4 所示。

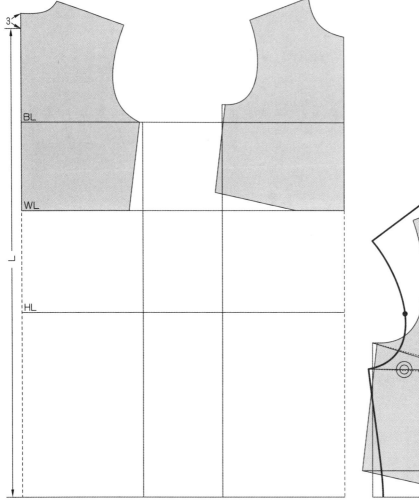
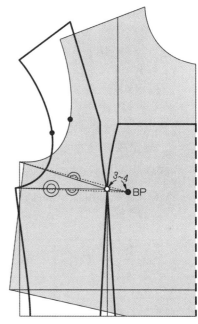

图 5-4　连腰型连衣裙结构框架图　　　　图 5-5　连腰型连衣裙胸凸量解决方法

② 作出胸围线。由原型后胸围线作出水平线，胸围的放松量为 12cm。

③ 作出腰围线。由原型后腰线作出水平线，将前腰围线与后腰围线复位在同一条线上。可以根据不同的款式要求上下调节腰线。

④ 作出臀围线。从腰围线向下取腰长（18 ～ 20cm），作出水平线，即臀围线。以上三条围线是平行状态。

⑤ 腰围线对位。腰围线放置前身原型，采用的是胸凸量转移的腰围线对位方法。

⑥ 绘制胸凸量。根据前后侧缝差绘制至胸点的腋下胸凸省量。

⑦ 解决胸凸量。由腋下绘制前腰省，并剪开到 BP 点，合并腋下胸凸省量，将其转化为前领口转角处的胸凸省量，如图 5-6 所示。

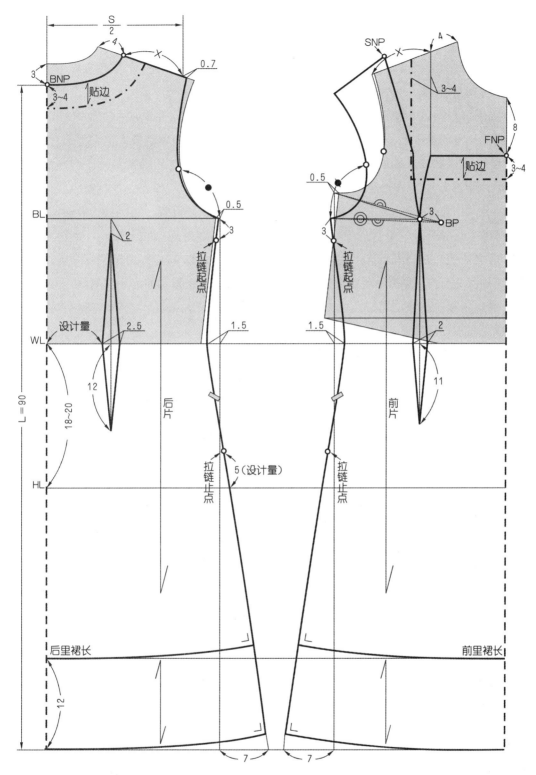

图 5-6　连腰型连衣裙衣身结构图

⑧ 绘制前中心线。由原型前中心线延长至下摆线成为新的前中心线。

第二步 衣身作图

① 衣长。根据款式设计和穿着者喜好的不同，衣长应适量而定；该款式为适身连腰型连衣裙，由原型的后颈点向下 3cm 作为本款连衣裙后领中心点，从中心点垂直向下量取裙长90cm 画出，即后衣长，并做出下摆辅助线，如图 5–6 所示。

② 胸围。根据款式和设计的要求，适当加放一定的松量，在本款中加放 12cm 的松量。在原型胸围尺寸的基础上，前后胸围各向侧缝处开宽 0.5cm，以保证成衣的胸围尺寸。

③ 腰围。根据款式的要求，按照连腰型连衣裙的成品腰围和胸腰差的比例分配，在裙子的前后片腰部分别收两个省，前省量大为 2cm，后省量大为 2.5cm，并在侧缝线与腰围线的交点处各收 1.5cm。为了更加符合女性的体型特点，缝合要顺畅，腰围线也要对位。

④ 肩宽。后肩宽：从原型后中心线水平向原型肩线量取肩宽（S/2=19cm），即为后肩宽。

⑤ 后肩斜线。在原型基础上由后侧颈点向肩端方向量取 4cm 作为新的侧颈点，连接至肩宽点（用 X 表示），并在后肩宽点延长 0.7cm 作为肩胛省松量，即为后肩斜线。

⑥ 前肩斜线。在原型基础上由前侧颈点向肩端方向量取 4cm 作为新的侧颈点，在原型的前肩线上量取与后肩宽（X）长度一致，即前肩斜线。

⑦ 领口。领口根据不同的款式要求和穿着者的喜好而定，本款式为无领的结构设计，不能简单地认为是除去绱领，而应认识到这是以衣身领口线显示服装款式风格的设计方法。

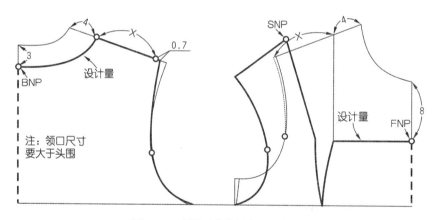

图 5–7　连腰型连衣裙领口结构图

a. 领口线要根据款式的变化，掌握前领深的极限量。横开领点是服装中的着力点，其最大的开量不能超过肩端点，开深的尺寸范围通常是以不过分暴露为原则。在夏季连衣裙的设计中，通常控制在不要超过由前颈点向下取 12cm 的位置点，但后衣片领口开深范围较宽，可到腰线。

此款前领为方领型，后领为圆领型，横领宽的大小应与头围的尺寸保持一致，领口尺寸要大于头围的尺寸，根据不同的款式，横开领的大小也不相同，如图 5–7 所示。

b. 此款为套头式领型，为了满足套头穿着的需要，领口线周长应超过人体的头围。对于本款，在原型的横开领基础上，前后侧颈点都开宽了 4cm，得到了新的侧颈点，过前侧颈点作前中心线的平行线，在原型前中心点向下量取 8cm 作为新的前领口中心点，并作垂线与平行线相连，即形成前领口；而在后中心点下落 3cm，与新的后侧颈点连接，画顺，即形成后领口。

c. 前后直开领都可以作为一个设计量，但要在一定的范围内，前后领口拼接后要顺畅，横开领的宽度也可以作为设计量，但不能超过肩端点。一般来说，当横开领开宽时，直开领不易深；而当直开领开深时，横开领易窄不易宽；当直开领开深时，后直开领易浅不易深；反之亦然。如果横开领、直开领均开大或前、后直开领均开深，肩线会产生不平衡的状态，从而导致领口线滑移，与人体不服帖。

d. 如果说领口与上装结构是基于一种形式美的考虑，那么领口设计的合理结构则是一种实用的客观要求。它主要表现在领口从量变到质变的结构关系上。

基本纸样的领口是表示领口的最小尺寸，因此也称为标准领口。从这个意义上说，当选择小于标准领口的设计时，就缺乏合理性。但是，这不意味着领口线的设计不能高于标准领口线，重要的是当选择这种设计时，要适当扩展领口宽度。例如一字领的设计，必须在增加标准领口宽度的基础上，才能把前领口提高。相反，只有开深领口，才可能使领口变窄。这实际上是在保证基本领口尺寸基础上的互补关系。不违背这个基本理论的领口设计都是合理的。

⑧ 做出前后腰省。腰省位置作为一个设计量应根据款式而定，距后中心较近，显得体型瘦长，反之则显得体型矮胖；在新下落的腰线上找到省的中线，与其垂直，并按腰围的成衣尺寸和胸腰差的比例分配方法做出前后腰省。

a. 以后中心点为基准，沿腰围线取设计量来确定腰省省边的位置，在后片腰节线上收省量大 2.5cm，平分省大作一垂线；分别取胸围线向下 2 ~ 3cm、腰围线向下 12cm 确定两个省尖点，12cm 是设计量，依据省的大小而变化，省量大的时候省长就长，反之亦然。连接省尖点用弧线画顺，线条要饱满。

b. 在前片腰节线上收省量大 2cm，省的上尖端点应在 BP 点向侧缝 3cm，形成新的 BP 点，下端点过省量大并垂直于腰线，再向下延长省的长度（11cm），用弧线画顺，线条要饱满。

⑨ 在方领口转角处，与新的 BP 点和腰省尖端点相连，形成一条分割线，既起到了装饰的效果，又在衣片结构上处理了胸腰差；在测量出前后侧缝的差值后，在前片腋下作辅助线，与新的 BP 点相连，并且将领口省线和腋下省的一个边缘剪开，捏合腋下省，领口省处便展开，形成领口省，省两边距离要保持一致。

⑩ 后袖窿线。由新肩峰点至腋下胸围点作出新袖窿曲线，新后袖窿曲线可以考虑追加背宽松量 0.5cm，但不易过大。

⑪ 后袖窿对位点。要注意袖窿对位点的标注，不能遗漏。

⑫ 前袖窿线。由新肩峰点至腋下胸围点作出新袖窿曲线，新前袖窿曲线春夏装通常不追加胸宽的松量。

⑬ 前袖窿对位点。要注意袖窿对位点的标注，不能遗漏。

⑭ 作出侧缝线。从下摆辅助线与侧缝线的交点各延长 7cm 作为下摆的围度，然后从新生成的腋下点过腰围线与延长的 7cm 相交，并且用弧线画顺，即为前后侧缝线。

按腰臀的成衣尺寸和胸腰差的比例分配方法，前后侧缝线的状态要根据人体曲线设置，保证前后侧缝的长度一致。

⑮ 标注拉链位置。在侧缝线上由腋下点向下 3cm，由臀围线向上 5cm，标注拉链位置。

⑯ 作出下摆线。从前后中心线作前后侧缝线的垂线并用弧线画顺，完成前后片的下摆线。

⑰ 作出前后领口贴边线。需要说明的是贴边线在绘制时，要尽量保证减小曲度，防止不易与里料缝合，也使里料易于裁剪，可以保证一段与布纹方向一致。

a. 后领贴边：在新生成的后领口中心点向下测量 3 ～ 4cm 宽作为后领口贴边的宽度，均匀画顺至后肩线，线条要画圆顺、饱满。

b. 前领贴边：在新生成的前领口与前中心点的交点向下测量 3 ～ 4cm 宽，作为前片领口贴边的宽度，均匀画顺至前肩线，线条要画圆顺、饱满。

⑱ 作出里裙下摆线。从裙子腰线向下测量出里裙的长度，作出水平线，再从前后中心线与里裙长辅助线的交点作侧缝线的垂直线，并用弧线画顺，即里裙下摆线。

第三步　袖子作图

袖子的结构图如图 5-8 所示，制图方法和步骤说明如下：

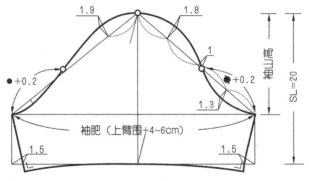

图 5-8　连腰型连衣裙袖子结构设计

① 基础线。十字基础线：先作一垂直十字基础线，水平线为落山线，垂直线为袖中线。

② 袖山高。将卷尺竖着沿袖窿弧线测量衣身的袖窿弧线长 (AH) 值，按前后袖窿的尺寸设计袖山高度，由十字线的交点向上取袖山高值设计量（13 ～ 15cm）。

袖肥是一个重要的部位，采用尺寸要适中，尺寸过小会影响穿着，因为没有修改机会，也会给企业带来损失；尺寸过大会影响整个服装造型，特别是品牌服装。在本款中，袖山高是可以根据肥瘦做相应调整的，也就是说袖肥尺寸控制着袖山高值。

③ 袖长。袖长长度可以根据设计者的喜好和款式要求而定，本款袖长长度为 20cm，由袖山高点向下量出，画平行于落山线的袖口辅助线。

④ 作出前后袖山斜线。由于连腰型连衣裙是适身造型，袖子较合体，所以直接按照袖窿弧长来定袖山弧线，由袖山点向落山线量取，前后袖窿都按后 AH 定出，袖肥合适后，根据前后袖山斜线定出的 6 个袖山基准点，用弧线分别连线画顺，测量袖窿弧线长；吃缝量的大小要根据袖子的绱袖位置和角度，以及布料的性能适量决定。

⑤ 确定袖口和袖缝线。根据本款式要求，袖口尺寸可根据穿着者喜好适量放松。以袖山高点与袖口辅助线的交点为中点，向两边量出袖口 /2 的数值，得出袖口线，并连接袖口与袖肥的两个端点，即为前、后袖缝线。

四、修正纸样

1. 完成结构处理图

基本造型纸样绘制之后，就要依据生产要求对纸样进行结构处理图的绘制，完成对前衣片腋下省的修正，如图 5-9 所示。

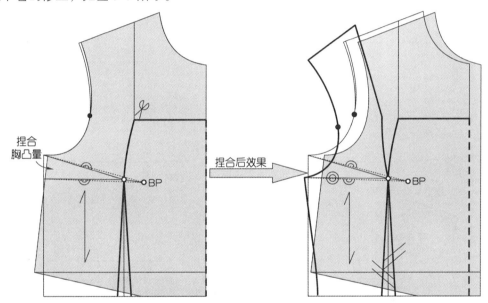

图 5-9　连腰型连衣裙腋下省修正

2. 裁片的复核修正

基本造型纸样绘制之后，就要依据生产要求对纸样进行结构处理图的绘制，凡是有缝合的部位均需复核修正，如领口、袖窿、下摆、侧缝、袖缝等等。

五、工业样板

本款连腰型连衣裙工业板的制作如图 5-10 ～图 5-16 所示。

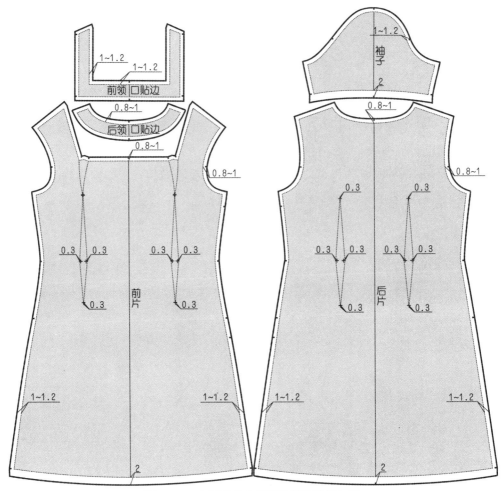

图 5–10　连腰型连衣裙面料板的缝份加放

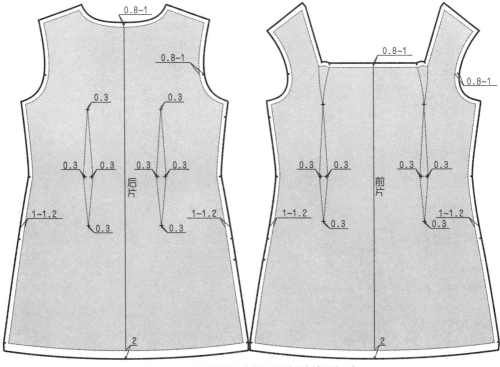

图 5–11　连腰型连衣裙里料板的缝份加放

图 5–12　连腰型连衣裙衬料板的缝份加放

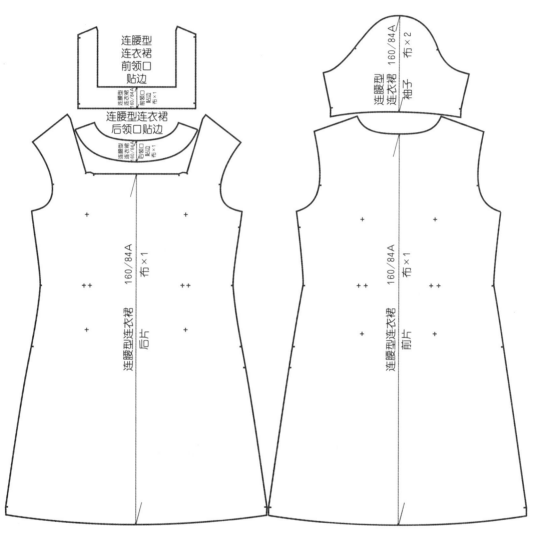

图 5–13　连腰型连衣裙工业板——面板

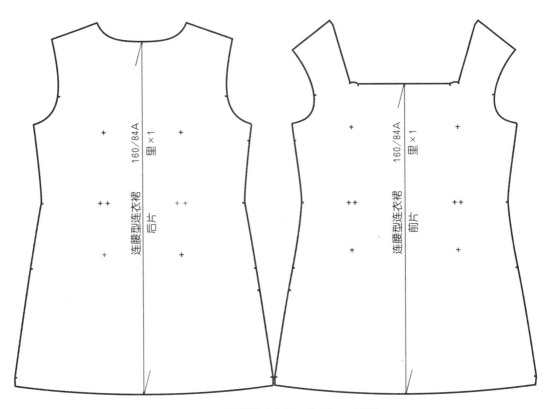

图 5-14　连腰型连衣裙工业板——里板

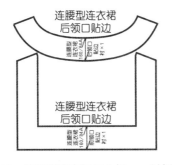

图 5-15　连腰型连衣裙工业板——衬板

图 5-16　连腰型连衣裙工业板——净板

第三节　接腰型连衣裙结构设计实例

一、款式说明

本款为接腰型连衣裙结构，适身收腰造型，前领为 U 字领型，后领为水滴状领型，袖子为中长的泡泡袖、袖口处有松紧抽褶，腰部拼接，宽松式下摆，连衣裙长至膝盖，它的外形与结构非常符合人们的衣着要求和审美情趣。领型、袖型以及腰部造型是本款接腰型连衣裙结构设计的重点，如图 5-17 所示。

接腰型连衣裙选料是很广泛的，面料一般采用棉布、亚麻布、丝绸及棉纺绸等织物，手感柔软舒适，保形性优良，吸湿透气性好、不缩水不起皱，并且易洗快干，也可使用化纤织物。

连衣裙是由上衣与裙子两个部分组成。无论是接腰型，还是连腰型，它们对于机能性的基本要求是没有差异的。但由于连衣裙的应用范围很广，不同类型的连衣裙，其造型的差异很大，其对机能性的要求自然也不同。本款也可缝合里料，连衣裙里料为 100% 醋酸绸，应属高档仿真丝面料，色泽艳丽，手感爽滑，不易起皱，不起静电，保形性良好。

① 衣身构成：是在两片基础上分割腰部结构的四片衣身结构，衣长在腰围线以下 58cm ～ 62cm。

② 领：领口大小要根据头围尺寸加上一定的活动量而定，最少不小于头围尺寸（弹性面料除外）；前直开领不易开得过深，否则会露出胸部，根据本款设计要求，不易超过 12cm，保证成衣后的着装效果。

③ 袖：袖子为中长的灯笼褶袖、一片绱袖，袖口处用松紧带抽褶，并绱 1cm 宽的袖口条。

④ 腰：在前后腰部断开并做拼合处理，然后在上下衣片进行收省来解决胸凸量的问题。

⑤ 下摆：下摆较宽松、圆滑，呈 A 字形。

⑥ 侧缝：在右腋下 3cm 作为装拉链的起点，到臀围线向上 3cm 作为装拉链的终点，缝合拉链要顺畅自然。

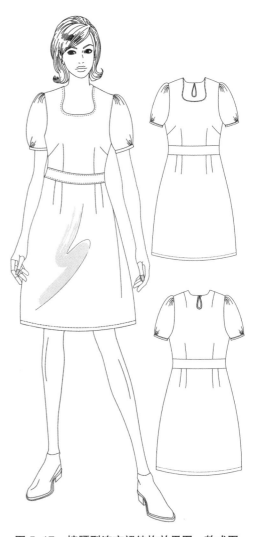

图 5-17　接腰型连衣裙结构效果图、款式图

二、面料、里料、辅料的准备

1. 面料

幅宽：144cm 或 150cm 、165cm。

估算方法为：（衣长 + 缝份 10cm）×2 或衣长 + 袖长 +10cm，需要对花对格时适量追加。

2. 里料

幅宽：90cm 或 112cm。估算方法为：衣长 ×2。

3. 辅料

① 薄黏合衬。幅宽：90cm 或 112cm，用于前领口、前领口贴边、后领口和后领口贴边，腰宽以及袖口条等。

② 纽扣。直径 1cm 的纽扣 1 个，后领口中心用；扣襻长 2cm，后领口中心用。

③ 拉链。缝合于右侧的隐形拉链，长度在 30cm 左右，颜色应与面料色彩相一致。

④ 松紧带。长度 4cm 左右，宽度为 0.3 ～ 0.5cm，用于袖口处抽褶。

三、作图

准备好制图的工具和作图纸，制图线和符号要按照制图要求正确画出。

1. 制定成衣尺寸

成衣规格为 160/84A，依据是我国使用的女装号型 GB/T1335.2—2008《服装号型　女子》。基准测量部位以及参考尺寸如表 5–2 所示。

表 5–2　接腰型连衣裙成衣系列规格表　　　　　单位：cm

名称 规格	衣长	袖长	胸围	腰围	臀围	下摆大	袖口	肩宽
155/80（S）	96	14	90	72	100	116	27	37
160/84（M）	98	15	94	76	104	120	28	38
165/88（L）	100	16	98	80	108	124	29	39
170/92（XL）	102	17	102	84	112	128	30	40
175/96（XXL）	104	18	106	88	116	132	31	41

2. 制图步骤

接腰型连衣裙属于四片结构的基本纸样，是应用上衣原型和 A 字裙按一定的机能性要求做出的接腰型连衣裙基本型纸样，这里将根据图例分步骤进行制图说明。

第一步　建立成衣的框架结构：确定胸凸量（横向）

结构制图的第一步十分重要，要根据款式分析结构需求，本款式第一步仍是解决胸凸量的问题。

① 作出衣长。由款式图分析该款式为适身接腰型连衣裙，在腰部断开，分成上下两部分，放置后身原型，由原型的后颈点在后中心线上向下量取背长和裙长，并一一作出水平线，即上衣的腰围线和下摆的辅助线。

② 作出胸围线。由原型后胸围线作出水平线，胸围的放松量为 10cm，同上衣原型。

③ 作出腰围线。由原型后腰线作出水平线，将前腰线与后腰线复位在同一条线上。根据款式要求，在腰部有个腰带宽的拼接，所以在得到的腰线再向下 1cm 得到新的腰线，再向上 4cm 得到腰带宽线，如图 5–18 所示。

④ 作出臀围线。从腰围线向下取（腰长 –1cm）作出水平线，成为臀围线，以上三条围线是平行状态。

⑤ 腰线对位。腰围线放置前身原型。采用的是胸凸量转移的腰线对位方法。

⑥ 绘制胸凸量。根据前后侧缝差，绘制至胸点的腋下胸凸省量。

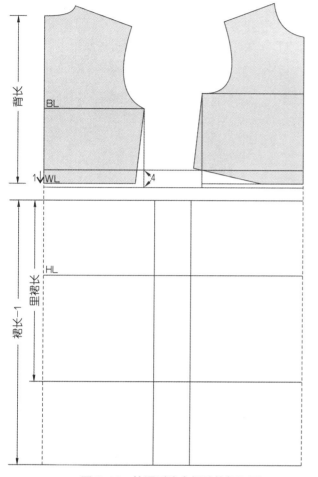

图 5–18　接腰型连衣裙结构框架图

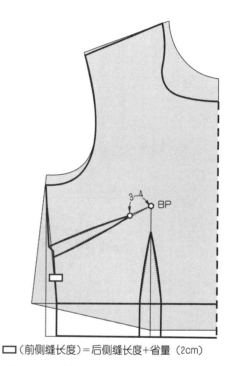

□（前侧缝长度）=后侧缝长度+省量（2cm）

图 5–19　接腰型连衣裙胸凸量解决方法

⑦ 解决胸凸量。后上衣侧缝长度的数值应与前上衣侧缝长度相同，先测量出后上衣的侧缝长度，在前上衣侧缝上找它和省量的大小（2cm）的总长度，由于胸凸量稍大，在前侧缝上任取一点与 BP 点相连，并在侧缝上取值 2cm 作为省量的大小，前后侧缝长度应保持一致，如图 5–19 所示。

⑧ 绘制前中心线。由原型前中心线延长至下摆线，成为新的前中心线。

第二步　衣身作图

① 衣长。该款式连衣裙在腰部断开，分成上下两部分。由原型的后颈点在后中心线上向下取背长 38cm，在同一条直线上向下大约 5cm 的量，与上衣部分拉开距离，再向下量取 60cm 的裙长，作出水平线，即上衣的腰围线和下摆的辅助线，如图 5–20 所示。

② 胸围。根据款式和设计的要求，适当加放一定的松量，在本款中加放 10cm 的松量，与原型的胸围尺寸保持一致。

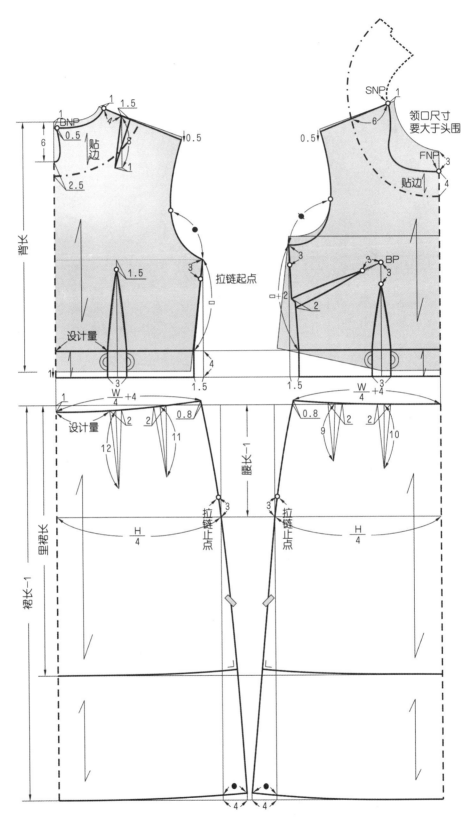

图 5-20　接腰型连衣裙衣身结构图

③ 腰围。根据款式要求，在腰部有个腰带宽的拼接，所以在原型的腰线基础上再向下 1cm 得到新的腰围线，再向上 4cm 得到腰带宽线；由于腰部分割分为上衣部分和裙子部分，在上衣的前后腰围各取省量 3cm，在前后侧缝各收 1.5cm。

在裙子部分的腰围，是按照 W/4+4cm 的省量来定，在裙子的前后片腰部分别收两个省，省量大小各为 2cm。由于女性人体体型形态，在裙子后中心下落 1cm，在后侧缝起翘 0.8cm，前侧缝起翘 1.5cm，画顺。

在上衣部分的新腰线上，从后中心到省的距离和裙子的后腰中心都可作为设计量，根据不同的款式要求和穿着者的喜好而定。从本款中看出，上衣部分和裙子部分在腰部的拼接要作为一个重点，都画好各省以后，要保证上衣部分的腰围和裙子部分的腰围尺寸相一致，缝合要顺畅，腰围线也要对位。

④ 领口。本款式为无领的结构设计，不能简单地认为是除去上领，而应认识到这是以衣身领口线显示服装款式风格的设计方法。

a. 此款前领为"U"字领型,后领为水滴状领型，横领宽的大小应与头围的尺寸保持一致，领口尺寸要大于头围的尺寸，根据不同的款式，横开领的大小也不相同，如图 5-21 所示。

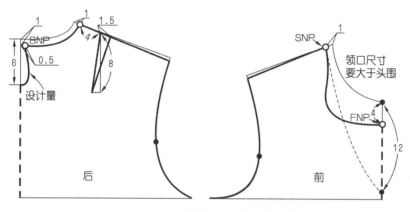

图 5-21 接腰型连衣裙领口结构图

b. 此款为套头式领型，为了满足套头穿着的需要，领口线周长应超过人体的头围。在本款中，在原型的横开领基础上，前后侧颈点都开宽了 1cm，并且在后领中心的地方开口，在后中心点下落 1cm，再向右 0.5cm，呈水滴状，在开口处还有一个纽扣，防止连衣裙领口向外敞开，同时也方便满足套头的需求，如图 5-22 所示。

⑤ 肩宽。本款式的肩宽还按照原型的肩宽来设计。

⑥ 后肩斜线。在原型基础上由后侧颈点向肩端方向量取 1cm，作为后横开领的大小，过此点连接到原型的肩端点，并下落 0.5cm，即后肩斜线。为了满足人体的肩胛量，从新的侧颈点量 4cm 作为省的一个端点，再向肩端点方向量省量大 1.5cm，保证前后肩线长度的一致。

⑦ 前肩斜线。在原型基础上由前侧颈点向肩端方向量取 1cm，作为前横开领的大小，过此点连接到原型的肩端点，并下落 0.5cm，即前肩斜线。

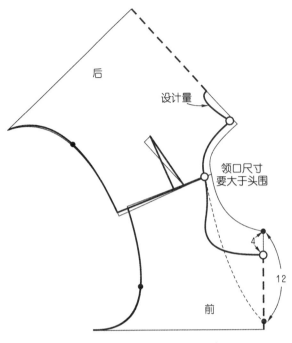

图5-22 接腰型连衣裙前后领口拼接

⑧ 后袖窿线。由新肩峰点至腋下胸围点作出新袖窿曲线，新后袖窿曲线可以考虑追加背宽的松量0.5cm，但不易过大。

⑨ 后袖窿对位点。要注意后袖窿对位点的标注，不能遗漏。

⑩ 前袖窿线。由新肩峰点至腋下胸围点作出新袖窿曲线，新前袖窿曲线春夏装通常不追加胸宽的松量。

⑪ 前袖窿对位点。要注意前袖窿对位点的标注，不能遗漏。

⑫ 上衣腰带宽。后腰带宽的位置也作为一个设计量，根据款式和设计的要求，来掌握腰带宽的宽度，本款的腰带宽为4cm。

⑬ 做出上衣腰省。腰省位置作为一个设计量，根据款式而定，距后中心较近，显得体型瘦长，反之则显得体型胖而短；在新下落的腰线上找到省的中线，与其垂直，并按腰围的成衣尺寸和胸腰差的比例分配方法做出上衣腰省。

a. 在后腰带宽线上收省量大3cm，省的上尖端点应在胸围线向下2～3cm，下端点过省量大并垂直于新的腰线，用弧线画顺，线条要饱满。

b. 在前腰带宽线上收省量大3cm，省的上尖端点应在BP点向下3cm，下端点过省量大并垂直于新的腰线，用弧线画顺，线条要饱满。

⑭ 腋下省。在前侧缝线上，于腋下位置任取一点与BP点相连，在侧缝线上取前后侧缝差值2cm，由BP点回量3cm作为腋下省尖点，省两边距离要保持一致。

⑮ 完成上衣侧缝线。按腰臀的成衣尺寸和胸腰差的比例分配方法，前后侧缝线的状态要根据人体曲线设置，保证前后侧缝的长度一致。从新的腋下点到腰带宽线上再到新的腰线上，用弧线画顺。

⑯ 标注拉链位置。在侧缝线上由腋下点向下3cm，由臀围线向上3cm，标注拉链位置。

⑰ 完成上衣下摆线。在上衣的下摆线上取腰围的尺寸，完成上衣的下摆线。

⑱ 作出上衣贴边线。需要说明的是贴边线在绘制时，要尽量保证减小曲度，防止不易与里料缝合，也使里料易于裁剪，可以保证一段与布纹方向一致。

a. 后片贴边：在原型的后中心点上向下测量8.5cm宽作为后片贴边的宽度，均匀画顺至后肩线，线条要画圆顺、饱满。

b. 前片贴边：在新生成的前领口与前中心点的交点向下测量 4cm 宽，作为前片贴边的宽度，均匀画顺至前肩线，线条要画圆顺、饱满。

⑲ 做出裙子腰线和腰省。根据款式的不同，腰省的位置可以变动，但在本款中裙子的腰围，是按照 W/4+4cm 的省量来定，在裙子的前后片腰部分别收两个省，省量大小各为 2cm；为了表现人体的形态特点和满足人体的运动规律，在后片的两个省中，距后中心和前中心较近的省的长度要大于距侧缝较近的省的长度，并且裙子的腰围要与上衣的腰围尺寸相一致。根据人体向前运动的规律，在裙子后中心下落 1cm，在后侧缝起翘 0.8cm，前侧缝起翘 1.5cm，用弧线画顺，线条要圆顺、饱满。

⑳ 作出裙子侧缝线。根据款式的不同，下摆的放量也作为一个设计量，在此款中，下摆辅助线与臀围线的交点再向外延长 4cm，作为下摆的松量；再由新生成的侧缝腰节点过臀围线的交点再与下摆的 4cm 点相交，作出侧缝线，要画圆顺、线条饱满，保证前后裙子的侧缝长度一致。在侧缝线与臀围线的交点向上量 3cm 作为连衣裙右侧装拉链的终点，具体的数值应根据拉链的长度和款式的造型来定。

㉑ 作出裙子下摆线。从前后中心线与下摆辅助线的交点作侧缝线的垂直线，并用弧线画顺，即下摆线。

第三步　袖子作图（一片泡泡袖结构设计制图及分析）

袖子的结构制图方法和步骤说明如下，如图 5-23 所示。

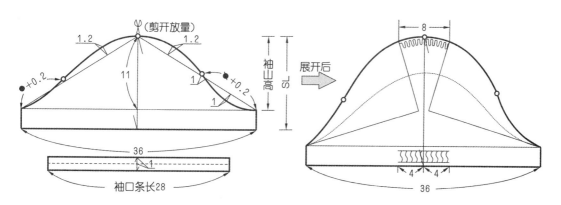

图 5-23　接腰型连衣裙袖子结构设计

① 基础线。十字基础线：先作一垂直十字基础线，水平线为落山线，垂直线为袖中线。

② 袖山高。将卷尺竖着沿袖窿弧线测量衣身的袖窿弧线长 (AH) 值，其前后袖窿的尺寸设计袖山高度，由十字线的交点向上取袖山高值：AH/3 - 设计量 =11cm。

③ 袖长。袖长长度可以根据设计者的喜好和款式要求而定，本款袖长长度为 15cm，由袖山高点向下量出 14cm，画平行于落山线的袖口辅助线。缝合袖口条作为袖口，宽度为 1cm（需要双折）。

④ 作出前后袖山斜线。由于接腰型连衣裙是适身造型，袖子为泡泡袖，较宽松些，所以直接按照袖窿弧长来定袖山弧线，由袖山点向落山线量取，前后袖窿都按后 AH 定出。袖肥合适后，根据前后袖山斜线定出的 6 个袖山基准点，用弧线分别连线画顺，测量袖窿弧线长；吃缝量的大小要根据袖子的绱袖位置和角度，以及布料的性能适量决定。

⑤ 作出展开后的袖山弧线。在绘制好的袖山弧线基础上，从袖山顶点剪开，展开 8cm 的抽褶量，然后再用弧线画顺前后袖山弧线。

⑥ 确定袖口和袖缝线。以袖山高点与袖口辅助线的交点为中点，向两边量出袖口一半的数值再加上袖口处的抽褶（8cm），得出袖口线，并连接袖口与袖肥的两个端点，即为前、后袖缝线。

根据本款式要求，袖子的袖口处需和袖口条缝合，袖口条宽 1cm（双折），长为袖口尺寸（28cm）。袖口尺寸也可根据穿者喜好适量放松。

四、修正纸样

1. 完成结构处理图

基本造型纸样绘制之后，就要依据生产要求对纸样进行结构处理图的绘制。完成对腰带宽的修正，如图 5–24 所示。

图 5–24　接腰型连衣裙腰带宽的修正

2. 裁片的复核修正

本款连衣裙中，凡是有缝合的部位均需复核修正，如领子、袖窿、下摆、侧缝、袖缝等等。

五、工业样板

本款连腰型连衣裙工业板的制作，如图 5–25 ～图 5–31 所示。

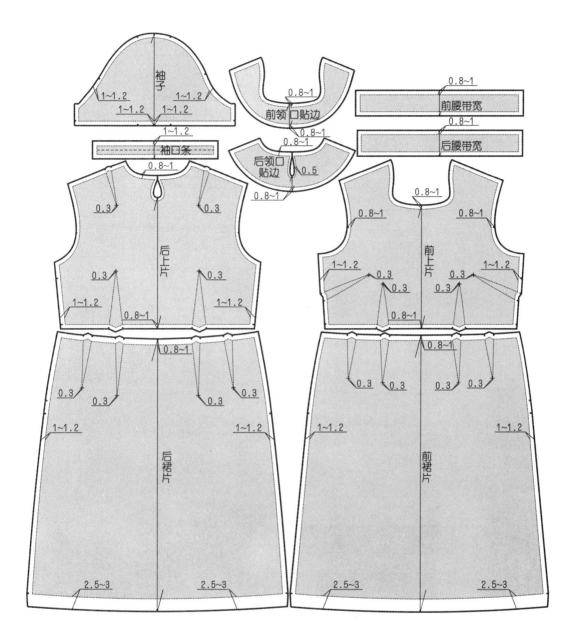

图 5-25　接腰型连衣裙面料板的缝份加放

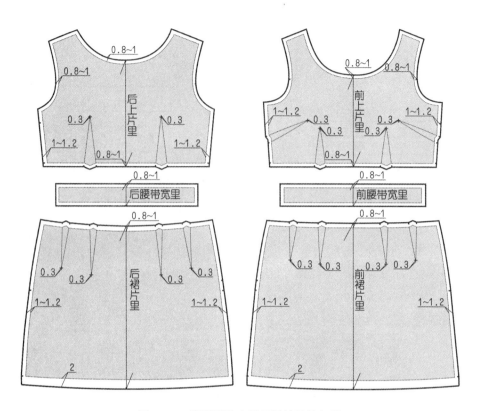

图 5-26　接腰型连衣裙里板的缝份加放

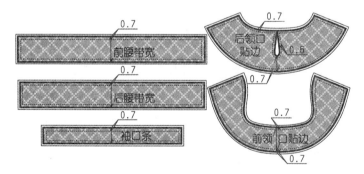

图 5-27　接腰型连衣裙衬料板的缝份加放

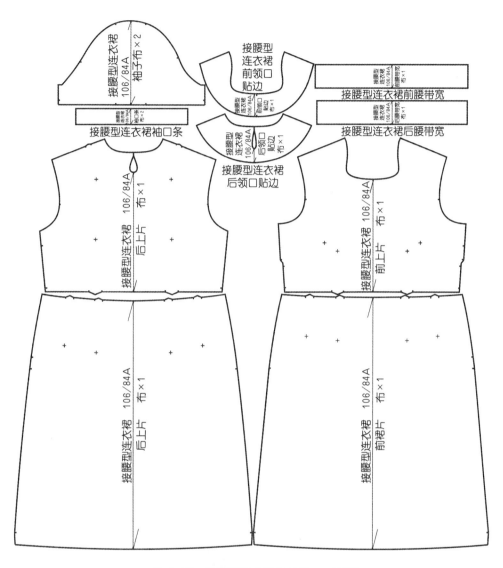

图 5-28　接腰型连衣裙工业板——面板

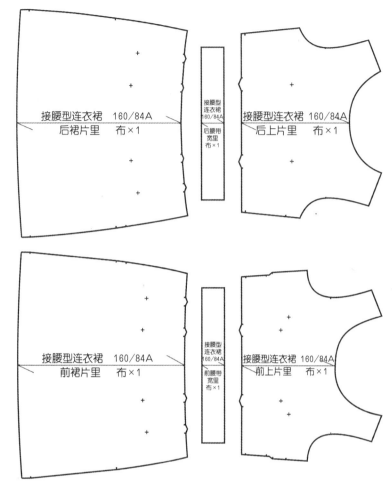

图 5-29　接腰型连衣裙工业板——里板

接腰型连衣裙前腰带宽衬

接腰型连衣裙前腰带宽衬

接腰型连衣裙袖口条

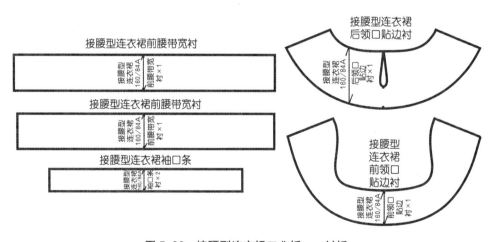

图 5-30　接腰型连衣裙工业板——衬板

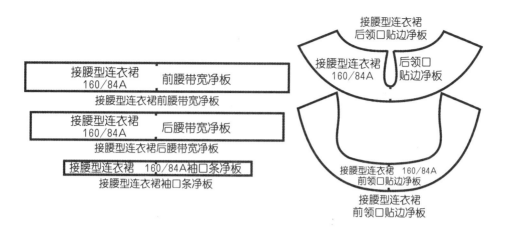

图 5-31　接腰型连衣裙工业板——净板

思考题

　　1. 设计连腰型连衣裙造型和结构图一款；

　　2. 设计接腰型连衣裙造型和结构图一款。

绘图要求

　　构图严谨、规范，线条圆顺；标识准确；尺寸绘制准确；特殊符号使用正确；结构图与款式图相吻合；比例为 1:5；作业整洁。

第六章 茄克衫结构设计

【学习目标】

1. 了解女茄克衫的种类；

2. 掌握女茄克衫各部位尺寸设计要求；

3. 掌握女茄克衫结构纸样中净板、毛板和衬板的处理方法。

【能力目标】

1. 能对女茄克衫的分割线进行正确设计；

2. 能针对不同人体对各种类型的茄克衫进行结构制图。

第一节 茄克衫概述

一、茄克衫的产生与发展

茄克衫又称"夹克衫"，是指衣长较短，胸围尺寸较大，袖口和下摆收紧的上衣。

茄克衫，是从欧洲中世纪男子穿的粗布紧身短上衣演变而来的。14世纪末期，与波旁服合用，披在波旁服上作为外衣。在20世纪末期，又有一种用皮子做的男短上衣，也有无袖的，至今在英国北部还可以见到，当时叫作"茄垦"，形成最早的茄克衫雏形。茄克衫的形式最早是作为工作服而设计的。起初人们为了便于工作和劳动，不得不利用带子或松紧带把上衣的下摆和袖口系扎起来，因而也就逐渐形成了这种专门用克夫边或松紧带把衣身下摆和袖口收紧的服装。这种服装不仅便于工作，而且具有良好的机能性，因此，其造型的形式被广泛应用在各种职业装的设计中，包括产业工人装、运动装、军装及一些特殊职业装等。由于茄克衫具有穿着舒适、轻便、易于活动等特点，加上其独特的造型设计风格，除了被用作工作服外，也被人们作为一种日常便装穿用。

二、茄克衫的分类

茄克衫在造型设计和结构设计上的特点是比较宽松，胸围的放松量较大，而底摆又要利用腰带收紧，故茄克衫都为椭圆形或倒梯形轮廓。由于茄克衫须具备很高的运动机能，因此袖子大多采用落肩式的衬衫袖或插肩袖。茄克衫类型多样化，且各具特色，一般以廓型、门襟变化、口袋变化、衣长变化、胸围放松量的大小、用途以及按服装面料与制作工艺等进行分类。

（一）按茄克衫的廓型分类

1. 宽松蝙蝠茄克衫

其袖口和底摆为紧身型，或是用松紧毛线织罗口配边，突出宽松的衣身，实现特有的蝙蝠外形。有些在身、袖之间还有明、暗裥褶和各种装饰配件，以突出其时装化。该服装如果配穿多袋牛仔裙或紧身裙，显得自由洒脱，能突出女性的体形美。

2. 倒梯形茄克衫

这是指衣长在腰节线附近的茄克衫。由于肩部比腰部宽，使其衣身外型构成倒梯形状。这是适合年轻女性在夏秋季穿用的较时尚的款式。

3. 方形茄克衫

这是指衣长在臀围线附近的茄克衫。衣身造型比例似正方形，这也是茄克衫的基本造型，多用于春秋茄克衫。

4. 长方形茄克衫

这是指衣长在横档线下方的茄克衫。由于衣长较长，造型似长方形，多用于冬季外套型的茄克衫。

此外，还有飞行员茄克衫、运动员茄克衫、侍者茄克衫、夏奈尔茄克衫、爱德华茄克衫、围巾领衬衫袖茄克衫、翘肩式偏襟茄克衫等众多款式。无论是何种款式茄克衫，外形轮廓都要适当夸张肩宽，外部给人以上宽下窄的"T"字体型，显示出潇洒、修长的美感。

（二）按茄克衫的门襟变化分类

茄克衫的门襟常装拉链。若用纽扣，主要有单排扣、双排扣、斜门襟、暗门襟等。

（三）按茄克衫的口袋变化分类

女茄克衫最常用的口袋有明贴袋、插袋等，还常用袋中袋、拉链袋等。

（四）按茄克衫的衣长变化分类

茄克衫的衣长一般较短，常到臀围线以上位置。根据不同款式，衣长可以到腰围线下10～22cm。

（五）按胸围放松量的大小分类

1. 宽松型

胸围放松量为30cm以上，结构平面、简洁。

2. 合体型

胸围放松量为10～20cm，结构上有一定立体感，分割线条较多，通常会采用公主线、省道等来达到合体的效果。

3. 普通型

胸围放松量为20～30cm，这是茄克衫中最常用的尺寸。

（六）按服装面料与制作工艺等分类

可分为毛皮茄克衫、呢绒茄克衫、丝绸茄克衫、棉布茄克衫、针织茄克衫、羽绒茄克衫、中式茄克衫、西式茄克衫等。

三、茄克衫面、辅料简介

（一）面料的分类

1. 根据穿用目的进行茄克衫面料选择

选择工作服茄克衫面料要注意其功能性，对于高温环境作业和室外热辐射环境作业应选择热防护类织物，如热防护金属镀膜布是将金属镀在化纤或真丝布上，经过涂覆保护层整理后，既轻便柔软，又不感到热，也不会灼伤。对于消防、炼钢、电焊等行业应选择耐热阻燃防护材料，如采用碳素纤维和凯夫拉纤维混纺制成的防护茄克衫，人们穿着后能短时间进入火焰，对人体有充分的保护作用，并有一定的防化学药品性。对于石油、化工、电子、煤矿等导电行业应选择抗静电织物，如抗静电绸是采用导电纤维和化纤原料，以先进的科技工艺加工而成。

2. 根据季节不同进行茄克衫面料选择

便装茄克衫所用面料根据季节的不同而不同，主要以天然环保面料为主，以舒适和天然为特点。春夏季茄克衫常用面料有：纯棉细平布、府绸、纯麻细纺、夏布、绢丝、真丝、丝光羊毛、天丝、竹纤维织物、涤纶仿丝绸、锦纶塔夫绸、涤棉混纺织物等。秋冬季茄克衫常用面料有：卡其、牛仔布、棉平绒、灯芯绒、华达呢、哔叽、花呢、法兰绒、涤毛混纺呢等。

礼服茄克衫所用面料根据茄克衫风格的不同而不同，如仿军服茄克衫多选用质地坚牢耐磨的华达呢、斜纹布等，高腰短茄克衫多选用丝绸和羊毛织物等，宴会茄克衫采用缎类等闪光面料。

（二）辅料的分类

1. 茄克衫的里料

女茄克衫使用里料可方便穿脱、增厚保温、强化面料风格、掩饰棉布里侧缝份。女茄克衫里料常选用棉型细纺、美丽绸、电力纺、涤丝纺、羽纱等。

2. 茄克衫的衬料

女茄克衫衬料的作用是使面料的造型能力增强，增厚面料，并且改善面料的可缝性。女茄克衫衬料常选用黏合衬、布衬、毛衬等。

3. 其它辅料

女茄克衫还常用到各类纽扣、拉链、扣襻、罗纹口、皮带扣、子母扣等辅料以及在茄克衫的衣片上做刺绣、印花，或缝上一些文字、字母、标志、商标、毛边，或钉上一些金属扣、装饰牌等，使其产生一些独特的装饰效果。

第二节　斜襟拉链式茄克衫实例

一、款式说明

由于茄克衫具有穿着舒适、轻便、易于活动等特点，加上其独特的造型设计风格，除了被用作工作服外，也被人们作为一种日常便装穿用。本款茄克面料可选择卡其、牛仔布等质地较厚的面料，茄克衫造型与在正规场合穿着的套装截然不同，它要体现轻松、随意、舒适的风格，所以其款式造型与结构设计都有一定的特点。但在当今服装流行合体、面料具有弹性的情况下，年轻人的茄克衫也可以做得非常合体，如图6-1所示。

① 衣身构成：本款茄克衫属于分割线造型斜襟拉链衣身结构，衣长在腰围线以下20～25cm。

② 衣襟搭门：单排二合扣，前后腰下摆为育克形式。

③ 领：普通关门翻领。

④ 袖：一片造型袖分割的两片结构袖，有袖开衩（本款袖子为方便工艺制作，做成分割结构的袖子），绱袖头。

⑤ 衣袋：右胸贴袋，斜插袋。

二、面料、里料、辅料的准备

1. 面料

幅宽：144cm 或 150cm、165cm。

估算方法为：衣长＋袖长＋10cm 或衣长 ×2＋10cm，需要对花对格时适量追加。

2. 里料

幅宽：90cm 或 112cm，估算方法为：衣长 ×2。

3. 黏合衬

① 薄黏合衬。幅宽：90cm 或 120cm 幅宽（零部件用）；用于贴边、领面、领

图6-1　斜襟拉链式茄克衫效果图、款式图

底、前中片、前后腰育克以及兜盖和胸贴袋部位。丝牵条：1.2cm 宽，6°。

② 纽扣。直径 2cm 的 12 个，用于前搭门、胸贴袋、袖口、前后腰育克。

三、作图

准备好制图的工具和作图纸，制图线和符号要按照制图要求正确画出，让所有的人都能看明白。

1. 制定成衣尺寸

成衣规格：160/84A，依据是我国使用的女装号型 GB/T1335.2—2008《服装号型 女子》。基准测量部位以及参考尺寸如表 6-1 所示：

表 6-1　斜襟拉链式茄克衫成衣系列规格表　　　　　　单位：cm

规格＼名称	衣长	袖长	胸围	下摆大	袖口	袖肥	肩宽
155/80(S)	58	51	98	86	19.5	36.5	39
160/84(M)	60	52	102	90	20.5	37.5	40
165/88(L)	62	53	106	94	21.5	38.5	41
170/92(XL)	64	54	110	98	22.5	39.5	42
175/96(XXL)	66	55	114	102	26.5	40.5	43

2. 制图步骤

本款女茄克衫纸样为后身设分割线带过肩、前身设斜襟的拉链款造型的衣身结构纸样，这里将根据图例分步骤进行制图说明。

第一步　建立成衣的框架结构

结构制图的第一步十分重要，要根据款式结构分析的需求绘制茄克衫成衣结构框架。

需要说明的是如果需要洗水工艺处理的款式，在结构设计时需要将缩水率在制图中加入。

① 做出衣长。由款式图分析该款式为箱型茄克衫，在后中心线垂直交叉作出腰围线，放置后身原型，由原型的后颈点在后中心线上向下取衣长，作出水平线，即下摆辅助线，如图 6-2 所示。

② 作出胸围线。由原型后胸围线作出水平线。

a. 后胸围线。在胸围线上由后中心线交点向侧缝方向确定成衣胸围尺寸，该款式胸围加放 18cm，在原型基础上前后胸围各加放 2cm。作胸围线的垂线至下摆线。

b. 前胸围线。在胸围线上由前中心线交点向侧缝方向确定成衣胸围尺寸，由前胸围放 0.5cm 即可。作胸围线的垂线至下摆线。

③ 作出腰线。由原型后腰线作出水平线，将前腰线与后腰线复位在同一条线上。

④ 作出臀围线。从腰围线向下取腰长，作出水平线，成为臀围线。以上三条围线是平行状态。

⑤ 腰线对位。在腰围线放置前身原型。采用的是设计量小于胸凸量的腰线对位方法转移，剩余省量利用挖深袖窿解决。

⑥ 绘制腋下胸凸量。根据前后侧缝差，绘制挖深袖窿之后的腋下胸凸省量。

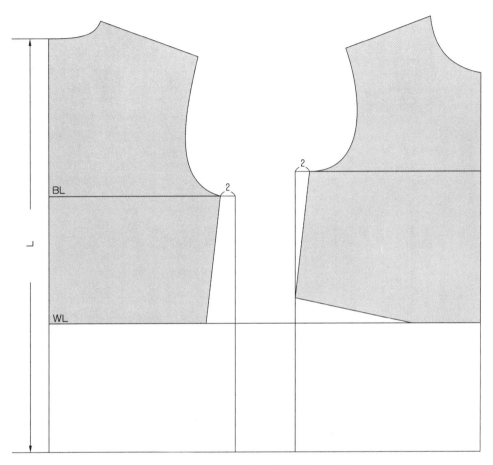

图 6–2　建立合理茄克衫的结构框架制图

第二步　衣身作图

① 衣长。由后中心线经后颈点往下取衣长 60 ～ 65cm，或由原型自腰节线往下 20 ～ 25cm，确定下摆线位置，如图 6–3 所示。

② 胸围。加放 18cm，在原型的基础上前后胸围放 2cm。作胸围线的垂线至下摆线。

③ 领口。因领口要绱翻领，所以要考虑领口的开宽和加深。

a. 后领口：后颈点不变，后侧颈点开宽 1cm；

b. 前领口：以原型领口为基点，前颈点向下开深 1cm；前侧颈点开宽 1cm。

④ 肩宽。后颈点向肩端方向取水平肩宽的一半（40÷2 = 20cm）。

⑤ 肩斜线。

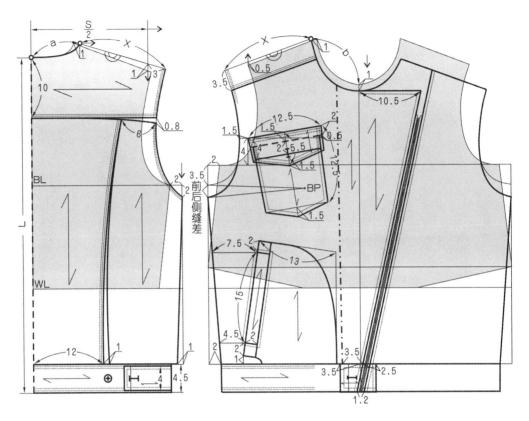

图 6-3 茄克衫衣身结构图

a. 后肩斜线：后肩斜在后肩端点提高 1cm 宽松量，由后侧颈点连线作出后肩斜线，由水平肩宽交点延长 2.5～3.5cm 的落肩量，该量在制成成衣后保证手臂有足够的宽松量。

b. 前肩斜线：前肩斜在原型肩端点往上提高 0.5cm 的纵向宽松量，然后由前侧颈点连线画出，长度取后肩斜线长度 "X"，保证前后肩线长度相同，如图 6-3 所示。

⑥ 后袖窿线。由原型后腋下点向下开深 2cm，再由新肩端点与新后腋下点作出袖窿弧线。

⑦ 后中心线。后中心线即是成衣的衣长。

⑧ 后下摆线。为了符合茄克衫上宽下窄的视觉感，后下摆向后中线偏进 1cm。

⑨ 做出前后腰育克。

a. 前腰育克。宽度：由前止口垂直向下 4.5cm；长度：前下摆的实际长度；

b. 后腰育克。宽度：由后中心线垂直向下 4.5cm；长度：后下摆的实际长度。

⑩ 后侧缝线。新后腋下点与后下摆偏进 1cm 点相连，画出后侧缝线。

⑪ 后过肩。由后颈点向下 10cm 作水平线交于后袖窿线上，过肩线与袖窿线的交点向下 0.8cm，做出袖窿省。

⑫ 后片分割线。为了符合茄克衫上宽下窄的箱型式结构，由袖窿省偏进设计量6cm作为分割线的起点，定为点一；由后中线与后腰育克的交点向侧缝线12cm，定为点二；由点二向侧缝作腰省，省大1cm，定为点三。连接点一和点二，绘制后中片分割线；连接点一和点三，绘制后侧片分割线。把各线用直线和曲线连接画顺，即后片完成，如图6-3所示。

⑬ 前袖窿线。由原型的前腋下点向下开深3.5cm，作出新袖窿弧线。

⑭ 前侧缝线。在前侧缝线上由腰节线向上取后侧缝线相同长度，将剩余胸凸量转移至前片分割线内。

⑮ 右前片斜止口线。由新前领口点向左衣片方向水平取设计量10.5cm，与前腰育克的前中心底点连线成为右前片斜止口线，如图6-3所示。

⑯ 右前衣片、左前衣片。本款前衣襟为带拉链斜襟，前片斜止口线将前片分割为左右片。这里在结构设计时需要注意的是要考虑去掉拉链的宽度（本款为1.2cm），如图6-3所示。

本款拉链可选用5#～7#号单头开尾式注塑拉链或金属拉链。在结构设计时要考虑拉链的布带宽度，通常外露式拉链要考虑布带的宽度，隐藏式拉链不需要。

⑰ 前过肩。作3.5cm分割线平行于前肩斜线，将该裁片与后过肩对位整合成为后过肩裁片。

⑱ 前下摆。为了符合茄克衫上宽下窄的视觉感，前下摆辅助线向前中线偏进2cm，画顺前下摆。

⑲ 胸袋盖位。距前袖窿线1.5cm；距前袖窿线向上4cm作水平线，袋盖长为12.5cm，袋盖宽两侧宽为4cm，中间宽为5.5cm，口袋为斜向放置，向上倾斜2cm。

⑳ 绘制胸袋位。袋口长为11.5cm，由袋盖口两侧分别向内取0.5cm，内袋中为12.5cm，袋底边长为10.5cm，袋底尖角1.5cm，袋口距袋盖1.5cm，袋口贴边宽为2cm。

㉑ 插袋。在原型胸宽垂线的基础上画出，距底边3cm，袋口长15cm，宽2cm。袋口上口距侧缝距离为7.5cm，袋口下距侧缝距离为4.5cm。

㉒ 作出门襟贴边线。在下摆线上由前片斜止口线向右侧缝方向取3.5cm，作垂直于下摆线的垂线，交于领口，如图6-3所示。

㉓ 左前片斜止口线。由新前领口点向右衣片方向水平取设计量10.5cm，由前腰育克在底边左前中侧片分割线向右衣片方向水平取设计量2cm连线成为左前片斜止口线，如图6-3所示。

㉔ 绘制出左衣片。由右前片斜止口线去掉拉链的宽度1.2cm作分割线，将左前片分割为左前中片和左前中侧片，如图6-4所示。

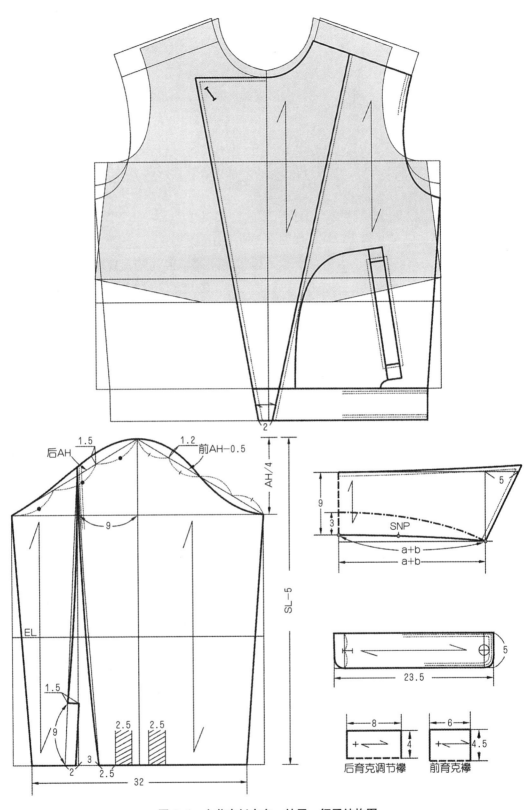

图6-4　女茄克衫衣身、袖子、领子结构图

㉕ 前腰育克襻。设计襻长为：6cm；宽为：4.5cm，由于前门襟为斜线分割，拉链在下摆处不齐，要通过前腰育克襻盖住。

㉖ 后腰育克调节襻。设计调节襻长为：8cm；宽为：4cm，调节下摆的大小。

第三步　袖子作图

① 袖长：按原型袖长（52）+ 3cm − 3cm（落肩量）= 52cm，包括袖头（克夫边）宽5cm。

② 袖山高：按 AH/4 定出。

③ 测量衣身袖窿弧线长并作记录，作袖山斜线绘制弧线，保证弧线长与衣身的袖窿弧线长相等。

④ 袖头（克夫边）：宽度取 5cm，长度按照手腕围 16cm + 6cm（松量）+ 1.5cm（搭门量）= 23.5cm，如图 6–4 所示。

⑤ 绘制袖口。袖口要根据袖头的长度，加上褶量和袖口省量减去开衩量：袖头长 23.5（袖头长）+ 5（褶量）+ 5（袖口省量）− 1.5cm（袖口开衩宽）= 32cm，由袖中线前后片分别取 16cm。

⑥ 绘制袖缝线。由前后腋下点与袖口点连线。

⑦ 绘制大小袖。在落山线上后袖宽线部分由袖中线向腋下点方向取 9cm，作分割线，垂直于落山线，相交于袖山弧线和袖口线；在袖口处由分割线向袖中线方向取 3cm，向后袖缝方向取 2cm，分别与落山线连线，画出袖口省，在肘线上分别外放 0.5cm，画顺，如图 6–4 所示。

⑧ 绘制袖衩。由小袖分割线取开衩长 9cm，开衩宽 1.5cm，如图 6–4 所示。

第四步　翻领作图

本款式领子为翻领，领高为设计量 9cm，底领高为 3cm，取后领口弧线长与前领口弧线长为领口线长，领角为设计型，根据款式要求设计，如图 6–4 所示画领子。

四、工业样板

本款女茄克衫工业样板的制作如图 6–5 ～图 6–7 所示。

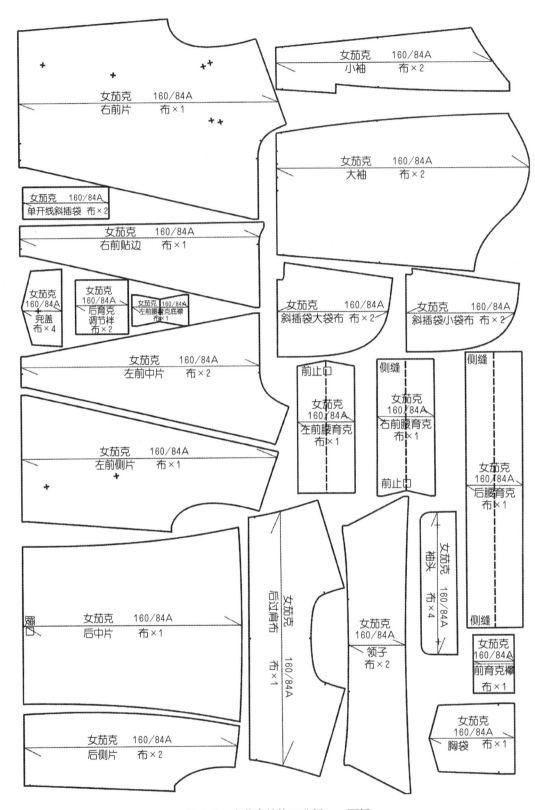

图 6-5　女茄克结构工业板——面板

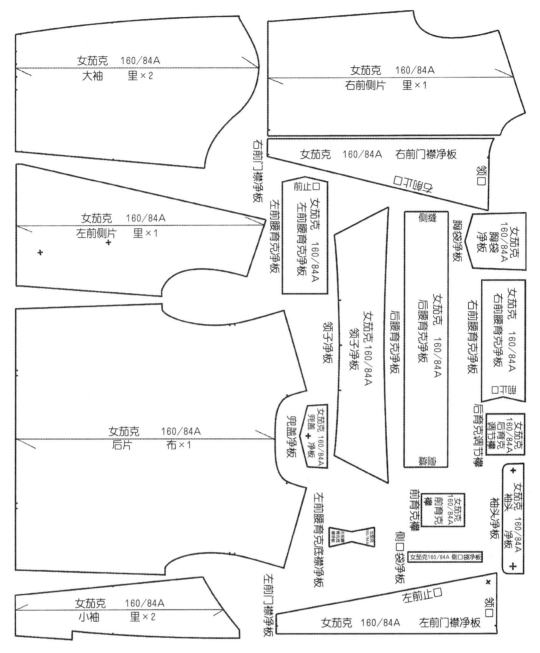

图6-6　茄克结构工业板——里板、净板

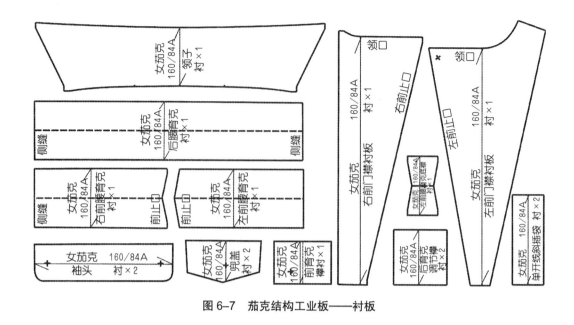

图6-7　茄克结构工业板——衬板

第三节　罗纹领茄克衫实例

一、款式说明

这是一款适合女性春秋季穿用的宽松型罗纹领茄克。领子为罗纹立领，衣身下摆、袖口为罗纹边口设计。前门襟止口装明拉链，前侧设两个插袋。袖子为一片茄克袖。茄克整体缉明线，可作为日常运动及休闲茄克，如图6-8所示。

① 衣身构成：本款茄克衫属于分割线造型斜襟拉链衣身结构，衣长在腰围线以下18～22cm。

② 衣襟：对襟拉链结构。

③ 领：领子为罗纹立领。

④ 袖：一片造型袖分割的两片结构袖，有袖开衩（本款袖子为方便工艺制作，做成分割结构的袖子），绱袖头。

⑤ 衣袋：胸贴袋，斜插袋。

二、面料、里料、辅料的准备

1. 面料

幅宽：144cm 或 150cm、165cm。

估算方法为：衣长 + 袖长 + 10cm 或衣长 ×2 + 10cm，需要对花对格时适量追加。

2. 里料

幅宽：90cm 或 112cm，估算方法为：衣长 ×2。

3. 黏合衬

（1）薄黏合衬。幅宽：90cm 或 120cm 幅宽（零部件用）；用于贴边、领面、领底、前中片、前后腰育克以及兜盖和胸贴袋部位。丝牵条：1.2cm 宽，6°。

（2）纽扣。直径 2cm 的 12 个，用于前搭门、胸贴袋、袖口、前后腰育克。

4. 罗纹

由于罗纹坯布拉伸性好，很难以平方米干重来计算单件用量，企业一般用罗纹加工机针数及所用纱线品种作为计算依据，确定每平方米的干燥重量，然后计算每件成品耗用各种罗纹坯布的长度及重量。

估算方法为：

领口的罗纹长度 =（领口罗纹规格 +0.75cm 缝耗 +0.75cm 扩张回缩）×2（层数），袖口的罗纹长度 =（袖口罗纹规格 +0.75cm 缝耗 +0.75cm 扩张回缩）×2（层数）。

图 6-8　罗纹领茄克衫效果图、款式图

三、作图

1. 制定成衣尺寸

成衣规格：160/84A，依据是我国使用的女装号型 GB/T1335.2—2008《服装号型　女子》。基准测量部位以及参考尺寸，如下表 6-2 所示：

表 6-2　罗纹领茄克衫成衣系列规格表　　　　　　　　　　　　单位：cm

规格 \ 名称	衣长	袖长	胸围	下摆大	袖口	袖肥	肩宽
155/80(S)	58	50.5	110	82	17	44.5	49
160/84(M)	60	52.5	114	86	18	45.5	50
165/88(L)	62	54.5	118	90	19	46.5	51
170/92(XL)	64	56.5	120	94	20	47.5	52
175/96(XXL)	66	58.5	124	98	21	48.5	53

2. 制图步骤

第一步　衣身作图

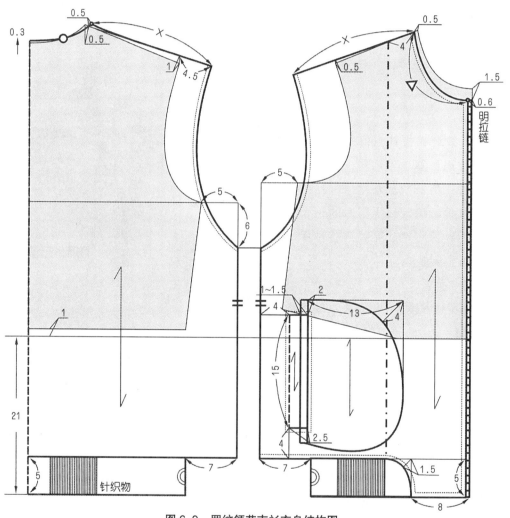

图 6-9　罗纹领茄克衫衣身结构图

① 衣长。由后中心线经后颈点往下取衣长 58 ~ 60cm，或由原型自腰节线往下取 18 ~ 20cm，确定下摆线位置，如图 6-9 所示。

② 胸围。加放 30cm，在原型的基础上前后胸围放 5cm。作胸围线的垂线至下摆线。

③ 腰节线：由于是无省结构，后片较前片提高 1cm。

④ 领口。因领口要绱翻领，所以要考虑领口的开宽和加深。

a. 后领口：后颈点上抬 0.3cm，后侧颈点开宽 0.5cm，延长 0.5cm 作为新侧颈点；

b. 前领口：以原型领口为基点，前颈点向下开深 1.5cm；前侧颈点开宽 0.5cm。

⑤ 肩斜线。

a. 后肩斜线：后肩斜在后肩端点提高 1cm 宽松量，由后侧颈点开宽 0.5cm 点连线作出后肩斜线，由水平肩宽交点延长 4.5cm 的落肩量。

b. 前肩斜线：前肩斜在原型肩端点往上提高 0.5cm 的纵向宽松量，然后由前侧颈点连线画出，长度取后肩斜线长度 "X"，保证前后肩线长度相同，如图 6–9 所示。

⑥ 后袖窿线。由原型后腋下点向下开深 6cm，再由新肩端点与新后腋下点作出袖窿弧线。

⑦ 后中心线。后中心线即是成衣的衣长，包括底边罗纹边宽 5cm。

⑧ 后侧缝线。由胸围线的垂线至下摆线画出后侧缝线。

⑨ 后腰罗纹。由后下摆线在后中心线垂直向上取宽度 5cm，长度的确定要根据罗纹面料的弹性伸长率来确定，通常情况下下摆长度要比臀围尺寸小 4 ～ 8cm，本款后罗纹长由后侧缝内收 7cm。

⑩ 前侧缝线。由胸围线的垂线至下摆线画出前侧缝线，测量后侧缝线长，在前侧缝线上取后侧缝线相同长度。

⑪ 前袖窿线。由新肩点和新前侧缝长点，作出新袖窿弧线。

⑫ 前止口线。本款为前门襟装明拉链设计，在结构设计时需要注意的是要去掉拉链的宽度（本款为 1.2cm），因此前止口线要由前中心线劈进 0.6cm，如图 6–9 所示。

本款拉链可选用 5# ～ 7# 号单头开尾式尼龙拉链、注塑拉链或金属拉链。在结构设计时要考虑拉链的布带宽度，通常外露式拉链要考虑布带的宽度。

⑬ 前腰育克：由前下摆线在前止口线垂直向上取宽度 5cm，在前下摆线上由前止口线向侧缝方向上取宽度 8cm，绘制成弧形形态，此处的设计是为了方便工艺制作时绱拉链的处理。

⑭ 前腰罗纹。前罗纹长由前侧缝内收 7cm。

⑮ 插袋。口袋为直插袋，袋口距底边 4cm，袋口长 15cm、宽 2.5cm。袋口距侧缝为 4cm。

⑯ 贴边线。在前肩斜线上由前侧颈点向右肩点方向取 4cm，作垂直于下摆线的垂线。

第二步　领子作图

① 罗纹领长：按前后领窝弧线长 – 2cm 定出，如图 6–10 所示。

② 领宽：4.5cm。前领角线按直角的分角线弧进 2cm 画出。

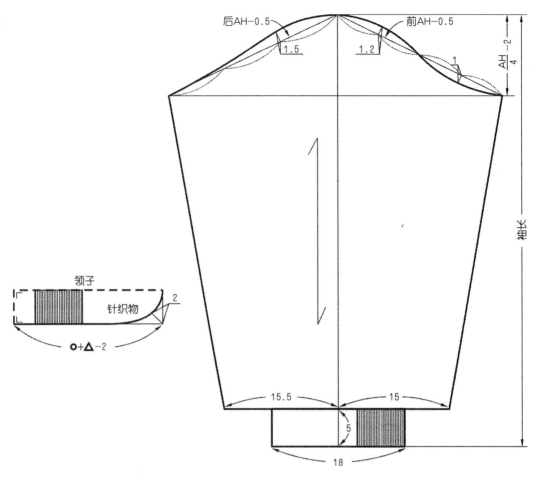

图 6-10　罗纹领茄克衫领子、袖子结构图

第三步　袖子作图

① 袖子为一片结构，如图 6-10 所示。

② 袖长：按原型袖长（52cm）＋ 5cm － 4.5cm（落肩量）＝ 52.5cm，包括袖头（罗纹）宽 5cm。

③ 袖头罗纹边：宽 5cm，长度按手腕围 ＋ 2cm（松量）＝ 18cm 定出。

④ 袖山高：按 AH/4 － 2 定出。

⑤ 测量衣身袖窿弧线长并作记录，由袖山高点作袖山斜线绘制弧线，保证弧线长与衣身的袖窿弧线长相等。

⑥ 绘制袖口。袖口要根据袖头的长度，由袖中线分别取后袖头长 15.5cm、前袖头长 15cm。

⑦ 绘制袖缝线。由前后腋下点与袖口点连线，即为袖缝线。

四、工业样板

本款罗纹领茄克衫工业样板的制作如图 6–11 ～图 6–17 所示。

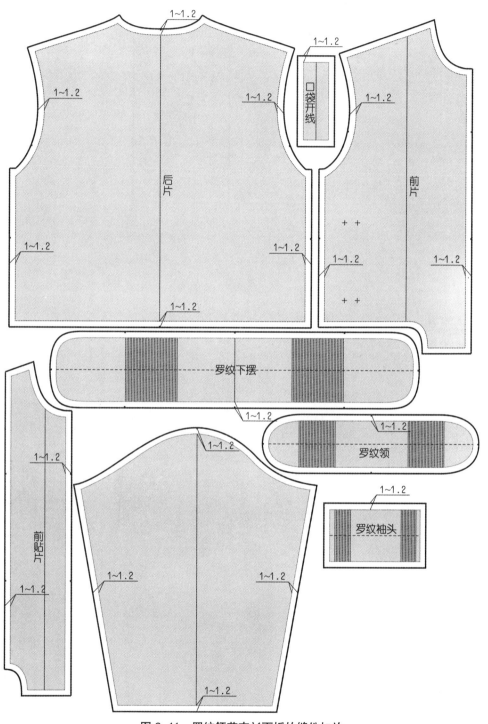

图 6–11　罗纹领茄克衫面板的缝份加放

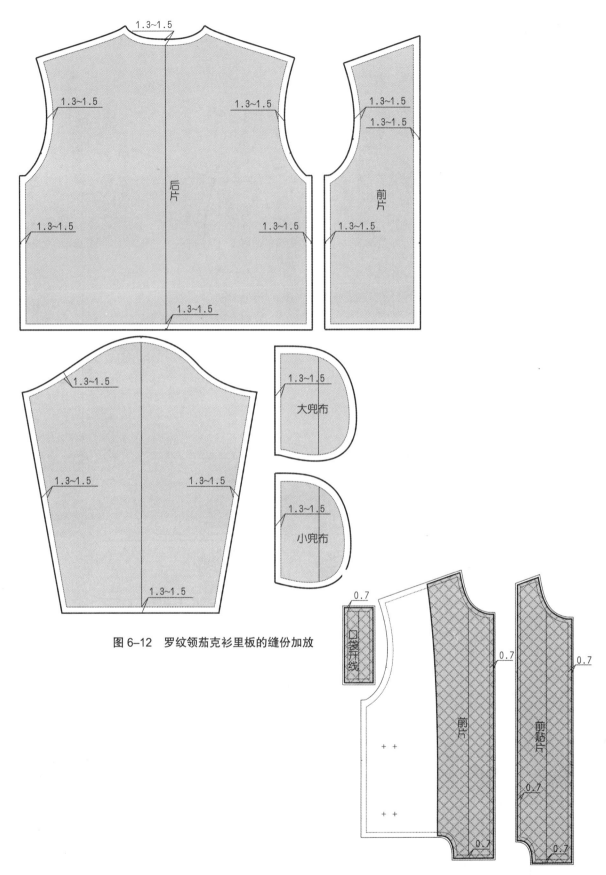

图 6-12　罗纹领茄克衫里板的缝份加放

图 6-13　罗纹领茄克衫衬板的缝份加放

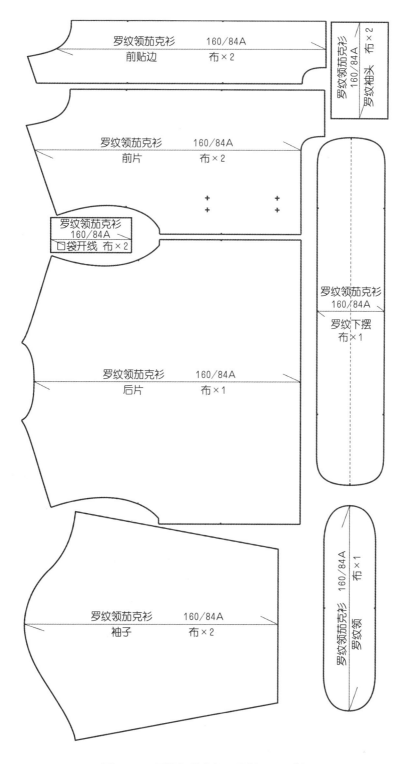

图6-14 罗纹领茄克衫工业板——面板

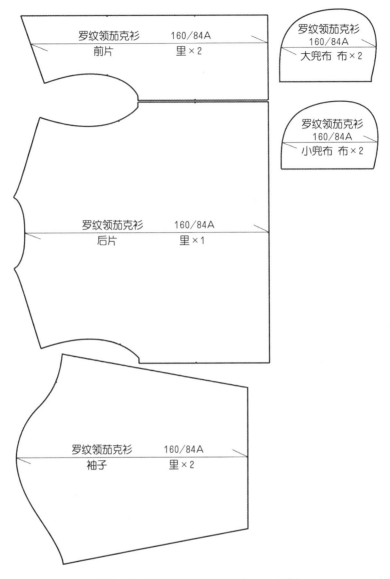

图 6-15 罗纹领茄克衫工业板——里板

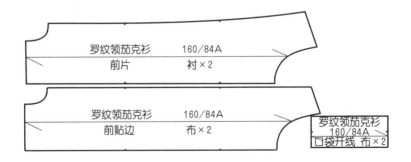

图 6-16 罗纹领茄克衫工业板——衬板

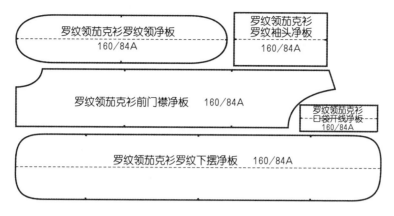

图 6-17　罗纹领茄克衫工业板——净板

思考题

1. 设计工装造型女茄克衫结构图一款。

2. 设计牛仔造型女茄克衫结构图一款。

绘图要求

构图严谨、规范，线条圆顺；标识准确；尺寸绘制准确；特殊符号使用正确；结构图与款式图相吻合；比例为 1:5；作业整洁。

第七章　女大衣结构设计

【学习目标】

　　1. 掌握女大衣的分类方法和常用材料的选择；

　　2. 掌握紧身－适体－宽松各类型女大衣结构设计中围度尺寸的加放方法；

　　3. 掌握女大衣结构纸样中净板、毛板和衬板的处理方法。

【能力目标】

　　1. 能根据女大衣的具体款式进行材料的选择，并能根据具体人体进行各部位尺寸设计；

　　2. 能针对不同人体进行结构制图；

　　3. 能根据女大衣具体款式进行制板，净板、毛板和衬板既要符合款式要求，又要符合生产需要。

第一节　女大衣概述

一、女大衣的产生与发展

　　大衣是穿在最外层的衣服，也叫作外套。随着流行的变化其款式会有不同的设计处理，主要目的是用于防寒、防雨及防尘，另外还可作礼服以及装饰等。

　　第二次世界大战前，人们认为只要是正式的外出，即使是夏天，也要穿着镂空或极薄的外套。近年来，服装简约化了，人们对着装的认识也发生了很大的变化。随着人们生活和工作环境的改善，取暖设备更加完善，汽车更普及等，大衣不仅具有实用性，还有功能性和时尚性。特别是在面料、辅料及制作方法方面都在向合体、轻便的方向发展。大衣就其性质而言更强调实用性，材料的选择亦根据不同季节、气候而有所不同。

　　1. 女大衣的起源

　　现代女大衣款式廓型的变化基本上来源于男装，如图 7-1 所示。

　　2. 女大衣款式的变化

　　女大衣在造型结构上，以实用功能为基础，因此，大衣的廓型以较宽松的箱型（H 型）结构为主，但礼仪性较强的大衣常采用有腰身的 X 型。女大衣长度也根据季节和用途有所不同，一般以膝关节以下的长度作为大衣的基本长度。

　　女大衣廓型的变化是受肩部造型结构制约的。大体上分为上袖、插肩袖和半插肩袖形式。上袖结构多用在 X 型大衣上，更强调工艺和造型的功利性；插肩袖和半插肩袖结构适合在箱型和宽松大衣上使用，因为它具有良好的活动性、防寒性和防水性等。

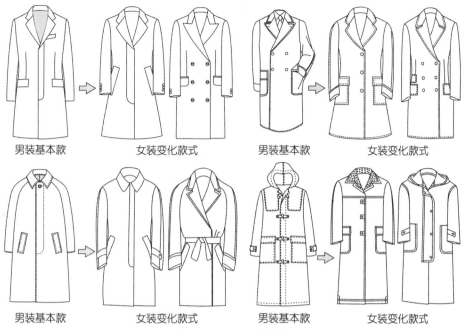

| 男装基本款 | 女装变化款式 | 男装基本款 | 女装变化款式 |

| 男装基本款 | 女装变化款式 | 男装基本款 | 女装变化款式 |

图 7-1　女大衣的款式

大衣的局部设计与套装相比更富有变化，这是大衣强调实用的功能性所决定的，因此，袖型、领型、口袋、搭门、袖襻以及配服的组合形式都较灵活。尽管如此，在适合穿大衣的场合中，不同等级的礼仪仍有不同的大衣穿着形式。

二、女大衣的分类

女大衣的分类方法有多种，但主要有以下几种：

1. 按大衣的长度分类

① 短大衣。衣长到臀位线以下，如图 7-2 所示，后同。

② 半长大衣。衣长到膝关节以上。

③ 大衣。衣长到膝关节位置。

④ 长大衣。衣长到膝关节以下位置，小腿肚附近。

2. 按大衣的廓形分类

① 收腰型女大衣：收腰型女大衣又称为 X 型女大衣，是典型的传统风格的大衣，结构比较严谨，尺寸比套装要更加放松些（有时和套装放松量趋同），同时还需要根据选用面料的质地、厚薄来确定放松量。质地松而较厚的织物放松量要适当增大。

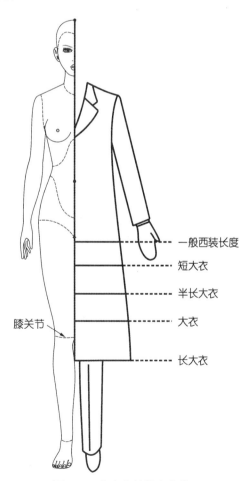

一般西装长度
短大衣
半长大衣
大衣
长大衣

膝关节

图 7-2　女大衣按长度分类

收腰型外套由于采用合体结构分片，使用省的机会较多，趋向套装结构。

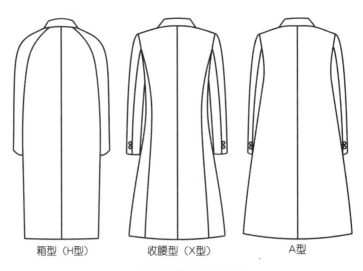

箱型（H型）　　　　收腰型（X型）　　　　A型

图7-3　女大衣按轮廓的分类

② 箱型女大衣：箱型大衣又称H型大衣，结构较宽松,放松量较大。多采用无省直线造型，而且局部设计灵活，较少受礼仪和程式习惯的影响，但更强调实用功能的设计。

③ A型女大衣。A型大衣是指大衣廓型从上到下渐渐张开的大衣。它的结构宽松，结构线少，表现出现代休闲的服装风格。由于它下摆宽松，上小下大，因此也称为帐篷形大衣。

3. 按大衣的形态分类

按大衣的形态可以分为合体型大衣、直身型大衣、公主线大衣、斗篷型大衣、筒型大衣、双排扣大衣、披肩大衣、连帽大衣、卷缠式大衣、衬衫型大衣、束带大衣、坎肩型大衣、开襟型大衣。

4. 按大衣的面料分类

按大衣的面料分类可分为轻薄大衣、毯绒外衣、针织大衣、羽绒大衣、皮大衣。

三、女大衣面、辅料

1. 面料的选择

女大衣包括春秋大衣、冬季大衣和风雨衣。它从以适应户外防风御寒作为主要功能，逐渐转变为装饰功能。现在着装意识发生了变化，不同的用途有着不同的面料选择，因而通常采用较高价值的材料与较复杂的加工手段，对面料的外观与性能要求甚高。由于本书未涉及功能性大衣和礼服用大衣，因此在此不做解释说明。

① 春秋大衣的面料。春秋外套代表性面料有法兰绒、钢花呢、海力斯、花式大衣呢等

传统的粗纺花呢，也有诸如灯芯绒、麂皮绒等表面起毛，有一定温暖感的面料。此外，还大量使用化纤、棉、麻或其它混纺织物，使服装易洗涤保管或具防皱保形的功能。

②冬季大衣的面料。冬季大衣面料通常以羊毛、羊绒等蓬松、柔软且保暖性较强的天然纤维为原料，由以前的粗格呢、马海毛、磨砂呢、麦尔登呢发展到后来的羊绒、驼绒、卷绒等高级毛料。代表性的冬季大衣一般采用诸如各类大衣呢、麦尔登呢、双面呢等厚重类面料和诸如羊羔皮、长毛绒等表面起毛、手感温暖的蓬松类面料，皮革、皮草也成了时尚的大衣面料。

2. 辅料的选择

女大衣辅料主要包括服装里料、服装衬料、服装垫料等。选配时必须结合款式设计图，考虑各种服装面料的缩水率、色泽、厚薄、牢度、耐热、价格等和辅料相配合。

①里料的选择。春秋大衣和冬季大衣一般选择醋酯、粘胶类交织里料，如闪色里子绸等。

②衬料的选择。衬料的选用可以更好地烘托出服装的廓形，根据不同的款式可以通过衬料增加面料的硬挺度，防止服装衣片出现拉长、下垂等变形现象。由于女大衣面料较厚重，所以相应采用厚衬料；如果是起绒面料或经防油、防水整理的面料，由于对热和压力敏感，应采用非热熔衬。

③袖口纽扣的选择。现在更多纽扣的作用已经由以前的实用功能转变为装饰功能，也有通过调节襻调节袖口大小。

④垫肩的选择。垫肩是大衣造型的重要辅料，对于塑造衣身造型有着重要的作用。一般的装袖女大衣采用针刺垫肩。普通针刺垫肩因价格适中而得到了广泛应用，而纯棉针刺绗缝垫肩属较高档次的肩垫。插肩女大衣和风衣主要采用定型垫肩，此类肩垫富有弹性并易于造型，具有较好的耐洗性能。

⑤袖棉条的选择。女大衣袖棉条的选择原则同女西服。

四、女大衣里子的样式

常见的女大衣的里子是活里，是指里子和衣片的下摆折边是分开的，不固定缝合，靠线襻固定，如图7-4所示。

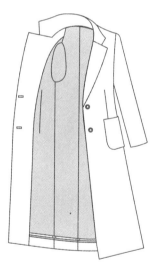

图7-4　大衣里子的样式

第二节　双排扣结构大衣设计实例

一、款式说明

这是一款模仿男装达夫尔外套（大衣）的双排扣结构女式大衣。

本款大衣为直筒形轮廓，门襟处为双排扣，衣帽连身，并在帽子边缘处拼缝螺纹面料；衣身前片为覆肩片结构造型，两侧有带袋盖的贴袋；前后下摆量较大，以满足筒形下摆机能性的不足。后肩有盖布，周边缉明线固定。袖子为两片绱袖，袖口做扣襻，大衣整体缉明线。

这是适合各个年龄段女性穿用的款式，可作为休闲型大衣或箱型大衣，如图 7–5 所示。

面料采用粗花呢、麦尔登呢、女士呢、格呢等较厚的面料。

① 衣身构成：六片衣身结构，衣长在腰围线以下 47cm。

② 衣襟搭门：明门襟，双排扣。

③ 袖：两片绱袖，袖口有扣襻作装饰。

④ 衣袋：带有袋盖的贴袋。

⑤ 垫肩：1.5cm 厚的包肩垫肩，在内侧用线襻固定（因是休闲大衣，垫肩根据设计需要可不装）。

图 7–5　双排扣结构大衣效果图、款式图

二、面料、里料、辅料的准备

1. 面料

幅宽：144cm 或 150cm。

估算方法为：衣长 + 袖长 + 帽长，需要对花对格时适量追加。

2. 里料

幅宽：90cm 或 112cm，144cm 或 150cm。

估算方法为：衣长 ×3。

幅宽 112cm，估算方法为：衣长 ×2。

幅宽 144cm 或 150cm，估算方法为：衣长

+ 袖长。

3. 辅料

① 厚黏合衬。幅宽：90cm 或 112cm，用于前衣片、领底。

② 薄黏合衬。幅宽：90cm 或 120cm，用于侧片、贴边、领面、下摆、袖口以及领底。

③ 黏合牵条。半正斜丝牵条，1.2cm 宽。

④ 牵条。45° 斜丝牵条，1.2cm 宽。

⑤ 垫肩。厚度为 1.5 ~ 2cm，绱袖用 1 副。

⑥ 纽扣。直径为 3cm 的纽扣 10 个。

三、作图

1. 确定成衣尺寸

成衣规格为 160/84A，依据是我国使用的女装号型 GB/T1335.2—2008《服装号型 女子》。基准测量部位以及参考尺寸如表 7–1 所示。

表 7–1　双排扣结构大衣成衣规格表　　　　　　　　　　　　　　单位：cm

名称 规格	衣长	袖长	胸围	下摆大	袖口	肩宽
155/80(S)	108	59	101	120	31	44
160/84(M)	85	60	105	124	32	45
165/88(L)	112	61	109	128	33	46
170/92(XL)	114	62	113	132	34	47
175/96(XXL)	116	63	117	136	35	48

2. 制图步骤

双排扣结构女式大衣是在四片结构样式的基础上经覆肩片分割的六片衣身结构，这里将根据图例分步骤进行制图说明。

第一步　建立成衣的框架结构：确定胸凸量（横向）

结构制图的第一步十分重要，要根据款式分析结构需求，本款式第一步仍是解决胸凸量的问题。

该款式为宽松型秋冬装，往往不考虑臀围值，而是根据款式需求决定下摆大小的变化。

① 作出衣长。由款式图分析该款式为宽松式双排扣结构大衣，首先放置后身原型，以原型的后颈点为起点，向下量取裙长，作出水平线，即下摆辅助线，如图 7–6 所示。

② 作出胸围线。由原型后胸围线作出水平线，该款胸围加放量为 21cm。

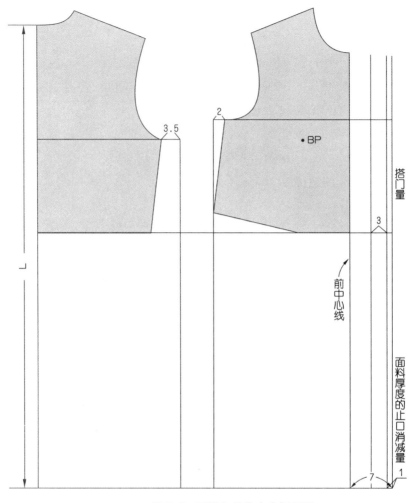

图 7-6　双排扣结构大衣框架图

③ 作出腰围线。由原型后腰线作出水平线，将前腰线与后腰线复位在同一条线上。根据不同的款式要求，可以上下调节腰线。

④ 腰线对位。腰围线放置前身原型，采用的是胸凸量转移的腰线对位方法。

⑤ 侧缝辅助线。过原型胸围追加的松量，作垂直于胸围线和下摆辅助线的直线，即前、后侧缝辅助线。

⑥ 绘制胸凸量。根据前后侧缝差，绘制至胸点的腋下胸凸省量。

⑦ 解决胸凸量。先由原型前、后片袖窿线向下开深，然后将前片腋下胸凸省量转移至肩省，再将剩余的胸凸省量进行挖深修正，如图 7-7 所示。

⑧ 绘制前中心线。由原型前中心延长至下摆线，成为新的前中心线。

⑨ 绘制前止口线。与前中心线平行 8cm（包括 1cm 的面料厚度的止口消减量）绘制前止口线，如图 7-7 所示。

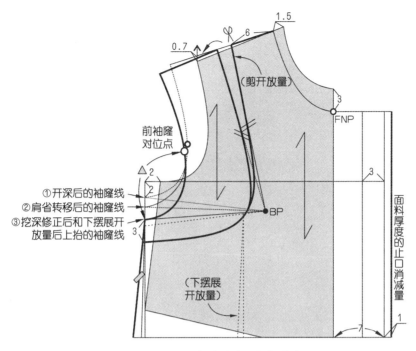

图 7–7 双排扣结构大衣胸凸量解决方法

第二步 衣身作图

① 衣长。在后中心线自后颈点往下取衣长 85cm，或由原型自腰节线向下摆方向量取 47cm。确定下摆线位置，如图 7–8 所示。

② 胸围。本款胸围加放量为 21cm，考虑到原型放量已有 10cm，还需追加 11cm，分别 在原型的基础上前胸围处追加 2cm，后胸围处追加 3.5cm 的量，以符合款式的要求。

③ 前后领口。本款大衣属于秋冬装，内着装层次较多，需要考虑领宽的开宽和加深。

a. 在前片原型的基础上领宽开宽 1.5cm，开深 3cm。

b. 在后片原型的基础上领宽开宽 1.5cm，后颈点保持不变。

④ 后肩宽。由后颈点向肩端方向取水平肩宽的一半（45/2=22.5cm）。

⑤ 后肩斜线。在原型的后肩端点上向上垂直抬升 1cm 点，作为垫肩的厚度量，然后由 新的后侧颈点与此点相连并延长 2cm，确定后肩斜线（X）。

⑥ 前肩斜线。在原型的前肩端点上向上垂直抬升 0.7cm 点，作为垫肩的厚度量，然后由 新的前侧颈点与此点相连并延长，确保前肩斜线与后肩斜线（X）长度一致。

⑦ 后袖窿线。在原型袖窿的基础上，于后片袖窿腋下处向下开深 2cm，并由新肩峰点至 腋下 2cm 点画出新后袖窿曲线。

⑧ 后袖窿对位点。要注意袖窿对位点的标注，不能遗漏。将皮尺竖起，测量后对位点 至后腋下点的距离，重新确定后袖窿对位点。

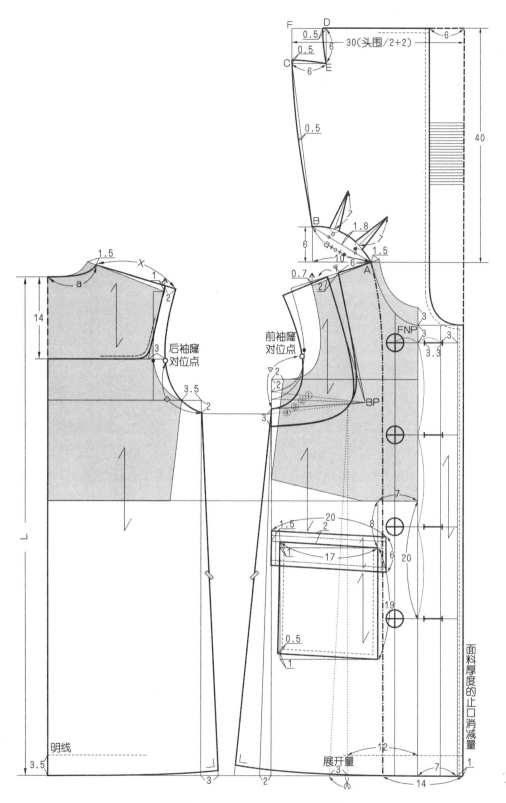

图 7-8　双排扣结构大衣衣身结构图

⑨后过肩布。由原型后颈点向腰围线方向量取 14cm 点，过此点作后中心线的垂直线交于后袖窿弧线，并向相反方向再量取 3cm 点，再与 2cm 点（从新的后肩端点延后肩斜线，向后中线方向量取 2cm）相连，用弧线画顺，即后肩盖布。

⑩ 前袖窿线。在原型袖窿的基础上，于前片袖窿腋下处向下开深 2cm，并由新肩峰点至腋下 2cm 点画出新前袖窿曲线。

⑪ 前袖窿对位点。要注意袖窿对位点的标注，不能遗漏。将皮尺竖起，测量前对位点至后腋下点的距离，重新确定前袖窿对位点。

⑫ 绘制前肩省。由新的前侧颈点沿肩斜线量取 6cm 点与 BP 点连线，作为前肩省的剪开线并将其剪开，以 BP 点为圆心向侧缝方向展开 2cm 的省量，即前肩省；随之也解决一部分胸凸量，由线①转移到线②。

⑬ 绘制前覆肩片。由于本款下摆较大，前片起翘量也较大，为保证前、后侧缝等长，由线④上移到线③，剩下的胸凸量将其挖深修正。通过线③与侧缝辅助线的交点向腰围线方向量取 3cm 点，过此点与前肩省的两个省边用弧线相连、画顺，即前覆肩片。

⑭ 重新修正前袖窿线。由转移后的新肩端点，连接至线③与侧缝辅助线的交点，用弧线画顺，并重新确定前袖窿的对位点。

⑮ 前、后侧缝线。

后侧缝线：由后片腋下开深的 2cm 点，连接至下摆的放量 3cm 点画顺，即后侧缝线。

前侧缝线：根据本款式要求，前片下摆在放量 2cm 的基础上，从前中心线向侧缝方向量取 12cm 作前中心线的平行线，交于腋下省边线、下摆辅助线，并以该线与线③的交点为圆点，从下摆处展开 3cm 放量，重新连接画顺，即前侧缝线。

⑯ 完成下摆线。由于展开量较大，故起翘量也大，为保证制成的服装侧缝处圆顺，下摆线与侧缝线要修正成直角状态，起翘量根据下摆展放量的大小而定，下摆放量越大起翘量越大。

⑰ 绘制连衣帽的大小。帽子取决于头围、帽长这两个必要的尺寸，其中帽长是从头顶点到侧颈点的尺寸。过新的前颈点(A 点)绘制出一条水平线，然后将止口线向上延长并相交，过此点再延长出帽长 40cm，再过 40cm 点作垂线，量取帽宽 30cm（头围 /2+2cm）再作其垂线，相交于 F 点。

⑱ 连衣帽帽边宽。连衣帽帽边宽采用针织罗纹面料，弹性较大，可酌情适量减小尺寸；过新的前颈点作止口线的垂线并相交，此线与止口线的交点向侧缝方向量取 6cm 作为帽边的宽度，再过此点作垂线向上延长至帽顶，在帽下口相交处用弯弧画顺。

⑲ 后帽领口弧线。过新的前颈点（A 点），于水平线上向侧缝方向量取 10cm，再垂直向帽顶方向量取 6cm（B 点），连接 A、B 点，取其中点作垂线 1.8cm，再重新过 1.8cm 点用弧线连接 A、B 点；其后帽领口弧线 = 后领口弧长（a）+ ○（省大）+ ●（省大）。

⑳ 后帽领口省。为了缓解头围与颈围之差，这里需要在连衣帽的结构中加入领帽省。将后帽领口弧线分为四等份，在 1/4 处和 3/4 处量取省大（○）、（●），省长为 7cm。

㉑ 绘制后帽帽顶。在帽顶处向帽口方向、后帽领口方向各量取 6cm，即 D 点和 C 点，过 D 点和 C 点作垂线并相交于 E 点；从 D 点和 C 点各向 F 点方向量取 0.5cm，再与 E 点用弧线连接，其制作方法如图 7–9 所示。

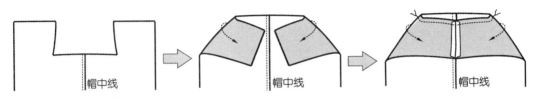

图 7–9　连衣帽帽顶的做法

㉒ 连衣帽中缝弧线。从后帽中线的 C 点与 B 点相连，在中间略往外凸起 0.5cm，用弧线画顺，即连衣帽中缝弧线。

㉓ 作出贴边线。在肩线上由前侧颈点（A 点）与下摆线上由前门止口向侧缝方向取设计量（14cm）两点连线，用弧线画顺，再连接连衣帽的结构，即双排扣连衣帽前片贴边。

㉔ 纽扣位的确定。由于本款为双排扣，纽扣位有十个，其中袖口处有两个，门襟处有四排八粒；从新前颈点向下 3cm 点作出一条水平线，向两边各量取 4cm 为第一排纽扣位；将腰围线向下 20cm 作为最后一排纽扣位的位置，再将第一排纽扣位至最后一排纽扣位三等份，确定纽扣位的位置。

㉕ 眼位的画法。由于大衣的搭门量较大，纽扣大小为 3cm，眼位的大小取决于扣子直径和扣子的厚度，本款定为 3.3cm。在接近止口线的第一排纽扣位向止口线各偏 0.2cm ～ 0.3cm（缝纽扣时的绕线厚度），即眼位的位置。

第三步　口袋作图（口袋结构设计制图及分析）

在腰围线与前中心线的交叉点水平量取设计量 7cm，然后再向下摆辅助线的方向量取 8cm 点，将此点作为前片贴袋的基准点，如图 7–10 所示。

第四步　袖子作图（袖子结构设计制图及分析）

制图方法和步骤如图 7–11 所示。

① 基础线。十字基础线：先作一垂直十字基础线。水平线为落山线，垂直线为袖中线。

② 袖山高。由十字线的交点向上取袖山高值设计量 15cm。

③ 袖长。取袖长 60cm，做出袖口辅助线。

④ 肘长。从袖山顶点向袖口方向量取袖长 /2 + 2.5cm = 32.5cm。

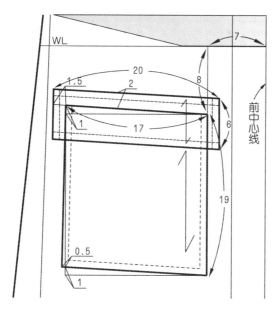

图 7-10　双排扣结构大衣口袋的结构图

⑤ 测量衣身袖窿弧线长并做记录，作袖山斜线（由袖山点向落山线量取，前袖窿按前 AH（按照 23cm）定出，后袖窿按后 AH（按照 25.5cm）定出）并绘制弧线，保证弧线长度与衣身的袖窿弧线长相等。

⑥ 确定前后袖窿对位点。

⑦ 确定袖子形态。

a. 袖中线将袖肥分为前袖肥和后袖肥两段，再将前袖肥和后袖肥两段各自平分；然后过后袖肥的中点作袖口辅助线的垂线，并交于袖山弧线上。

b. 在后袖肥中线与袖口辅助线的交点处向两边各量取 2cm、3cm 的省量，使袖子形态更加符合人体胳膊的造型。

c. 确定袖子大小袖外缝线。由后袖肥中线与袖山弧线的交点连接袖口省大 2cm 点和 3cm 点，并用弧线画顺。

d. 确定袖口大小。由袖口辅助线与大小袖外缝线的交点处向两边量取袖口大（32cm），其中向前袖缝方向量取 24cm，向后袖缝方向量取 8cm。

e. 确定袖子大小袖内缝线。由袖山弧线与袖肥的两个端点与袖口大点连线，并用弧线画顺。

⑧ 确定袖口线。为保证袖口平顺，将大小袖外缝线向下延长，在交叉处为直角状态，重新画顺袖口线。

⑨ 袖口襻。根据款式要求，在大袖外缝线与袖口线的交点处向上量取 6cm 点，再量取 4cm 袖襻的宽度，过两点作袖口线的平行线，如图 7-11 所示。

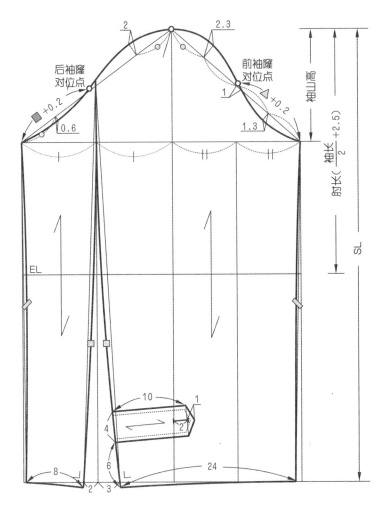

图 7-11 双排扣结构大衣袖子结构图

四、修正纸样

1.完成结构处理图

基本造型纸样绘制之后，就要依据生产要求对纸样进行结构处理图的绘制。完成对覆肩片的修正、对成衣裁片的整合。

2.裁片的复核修正

对于本款双排扣结构大衣，凡是有缝合的部位均需复核修正，如领口、袖窿、下摆、侧缝、袖缝等等。

五、工业样板

双排扣结构大衣工业样板的制作，如图 7-12 ～图 7-18 所示。

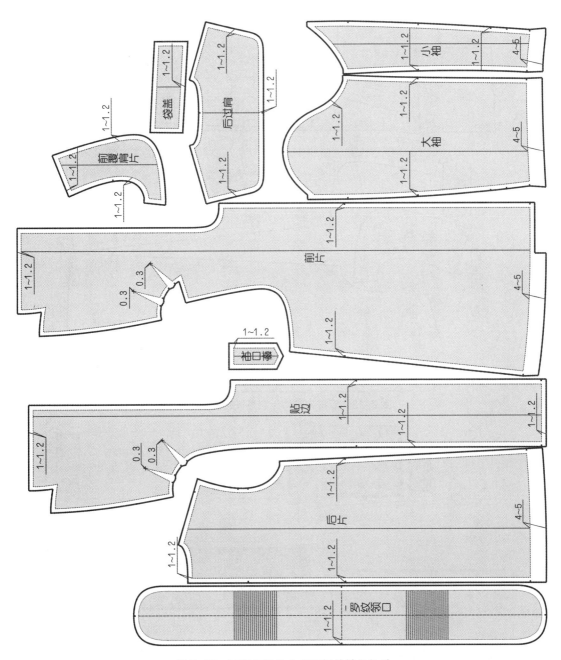

图 7-12　双排扣结构大衣面板的缝份加放

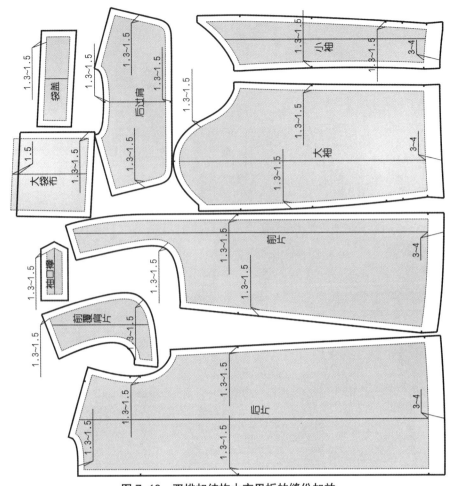

图 7-13　双排扣结构大衣里板的缝份加放

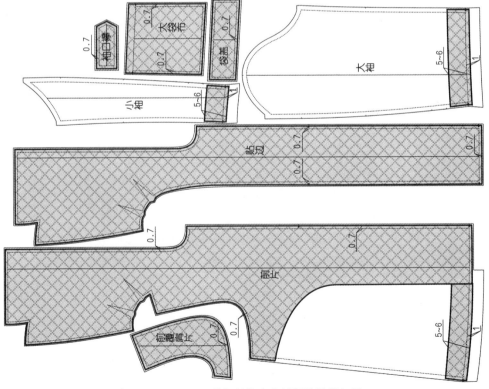

图 7-14　双排扣结构大衣衬板的缝份加放

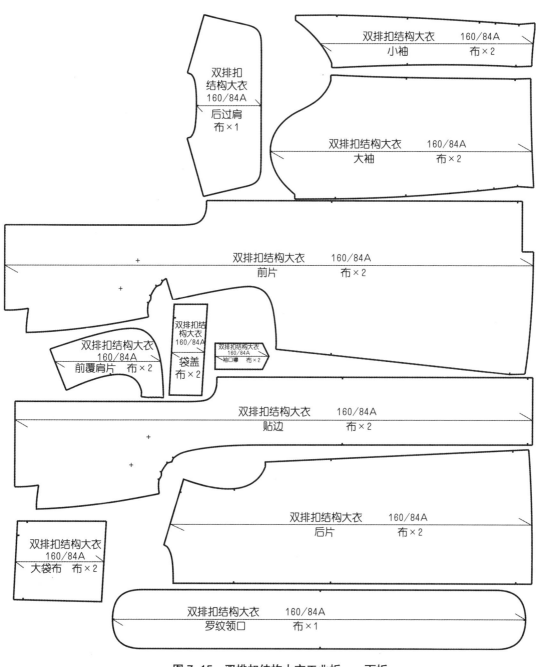

图 7-15 双排扣结构大衣工业板——面板

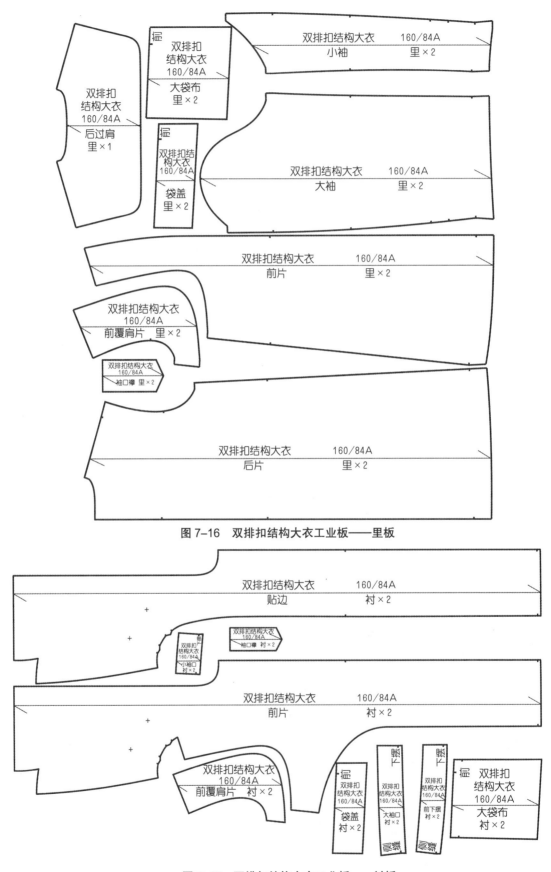

双排扣结构大衣 160/84A
小袖 里×2

双排扣结构大衣 160/84A
大袋布 里×2

双排扣结构大衣 160/84A
后过肩 里×1

双排扣结构大衣 160/84A
袋盖 里×2

双排扣结构大衣 160/84A
大袖 里×2

双排扣结构大衣 160/84A
前片 里×2

双排扣结构大衣 160/84A
前覆肩片 里×2

双排扣结构大衣 160/84A
袖口襻 里×2

双排扣结构大衣 160/84A
后片 里×2

图7-16 双排扣结构大衣工业板——里板

双排扣结构大衣 160/84A
贴边 衬×2

双排扣结构大衣 160/84A
小袖口 衬×2

双排扣结构大衣 160/84A
袖口襻 衬×2

双排扣结构大衣 160/84A
前片 衬×2

双排扣结构大衣 160/84A
前覆肩片 衬×2

双排扣结构大衣 160/84A
袋盖 衬×2

双排扣结构大衣 160/84A
大袖口 衬×2

双排扣结构大衣 160/84A
前下摆 衬×2

双排扣结构大衣 160/84A
大袋布 衬×2

图7-17 双排扣结构大衣工业板——衬板

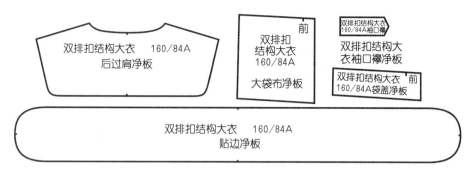

图 7–18　双排扣结构大衣净板

第三节　袖裆型连身袖大衣结构设计实例

一、款式说明

这是一款女式袖裆型连身袖长大衣，造型简单大方，使穿着者显得更加修长。

本款大衣为直筒形轮廓，小青果领造型，门襟处为九粒扣，衣身前片收侧缝省，两侧有挖袋、双嵌线；衣袖连身，并在袖腋下拼接袖裆；在后袖肘部有一袖肘省，袖口处拼接袖头（外翻）。

该款式适合各个年龄阶段女性穿用，可作为休闲型大衣或箱型大衣，如图 7–19 所示。

该款式面料采用粗花呢、麦尔登呢、女士呢、格呢等较厚的面料。

① 衣身构成：四片衣身结构，衣长在腰围线以下 80cm。

② 衣襟搭门：明门襟。

③ 袖：连身袖，腋下拼接袖裆，袖口处拼接袖头。

④ 衣袋：挖袋、双嵌线。

⑤ 垫肩：1.5cm 厚垫肩，在内侧用线襻固定（因是休闲大衣，垫肩根据设计需要可不装）。

二、面料、里料、辅料的准备

1. 面料

幅宽：144cm、150cm、165cm。

图 7–19　袖裆型连身袖大衣效果图、款式图

估算方法为：（衣长 + 缝份 10cm）×2，需要对花对格时适量追加。

2. 里料

幅宽：90cm 或 112cm；估算方法为：衣长 ×4。

幅宽：144cm 或 150cm；估算方法为：衣长 ×2。

3. 辅料

① 厚黏合衬。幅宽：90cm 或 112cm，用于前衣片、领底。

② 薄黏合衬。幅宽：90cm 或 120cm，用于贴边、领面、下摆、袖口以及领底。

③ 黏合牵条。半正斜丝牵条，1.2cm 宽。

④ 牵条。45° 斜丝牵条，1.2cm 宽。

⑤ 垫肩。厚度为 1.5 ～ 2cm，绱袖用 1 副。

⑥ 纽扣。直径为 2cm 的纽扣 9 个。

三、作图

1. 确定成衣尺寸

成衣规格为 160/84A，依据是我国使用的女装号型 GB/T1335.2—2008《服装号型　女子》。基准测量部位以及参考尺寸如表 7–2 所示。

表 7–2　袖裆型连身袖大衣成衣系列规格表　　　　　　　　　　　单位：cm

名称 规格	衣长	袖长	胸围	下摆大	袖口	肩宽
155/80（S）	116	59	102	102	25	44
160/84（M）	118	60	106	106	26	45
165/88（L）	120	61	110	110	27	46
170/92（XL）	122	62	114	114	28	47
175/96（XXL）	124	63	118	118	29	48

2. 制图步骤

袖裆型连身袖大衣是在四片结构样式的基础上，经腋下拼接袖裆的六片衣身结构，这里将根据图例分步骤进行制图说明。

第一步　衣身作图

该款式为较合身型直身型秋冬大衣，在结构设计可以不考虑下摆值。

① 衣长。首先放置后身原型，以原型的后颈点为起点，向下量取衣长 118cm，或由原型自腰节线往下 80cm 作出水平线，即下摆辅助线，如图 7–20 所示。

② 腰围线。由原型后腰线作出水平线，将前腰线与后腰线复位在同一条线上。根据不同的款式要求，可以上下调节腰线。

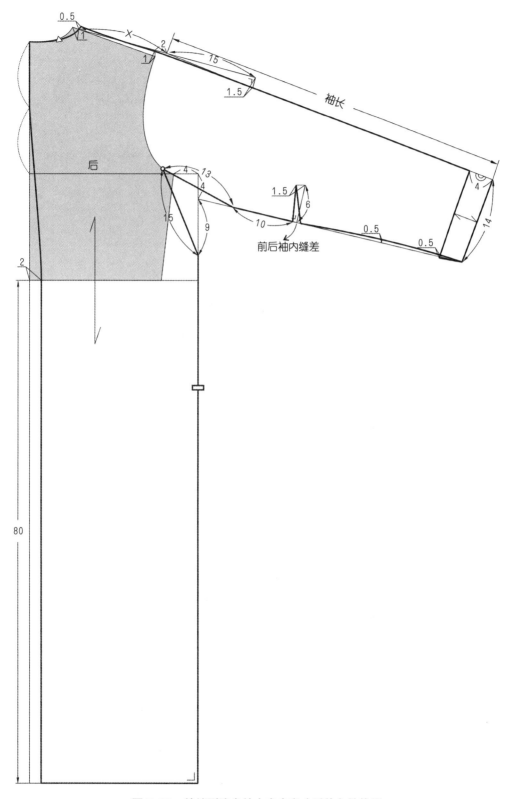

图 7-20　袖裆型连身袖大衣衣身（后片）结构图

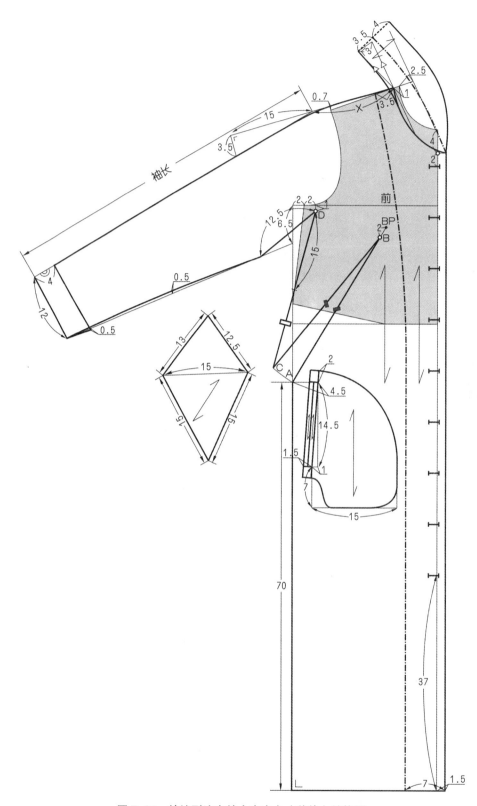

图 7-21　袖裆型连身袖大衣衣身（前片）结构图

③ 胸围。由原型后胸围线作出水平线，该款胸围加放量为22cm。考虑到原型放量已有10cm，还需追加12cm，分别在原型的基础上前胸围处追加2cm，后胸围处追加4cm，以符合款式的要求。

④ 侧缝辅助线。过原型胸围追加的松量，作垂直于胸围线和下摆辅助线的直线，即前、后侧缝辅助线。

⑤ 后中心线。由于该款式较为合身，在腰围线和后衣长的交点处、下摆辅助线和后衣长的交点处向侧缝方向各收进2cm连线，再与后颈点至胸围线的中点处连线并用弧线画顺，即后中心线。该线要考虑人体背部状态，呈现女性S形背部曲线。

⑥ 前中心线。由前直开领开深的4cm点垂直向下延长至下摆辅助线，即前中心线。

⑦ 前止口线。在前衣片下摆处由新前中心线向外取搭门量1.5cm，作出前止口线。

⑧ 前、后侧缝线。根据款式要求，在袖底部需要拼接袖裆，在前后侧缝线上也要采用互借量的方法。

a. 后侧缝线：首先由胸围线与后侧缝辅助线的交点处向下摆方向量取4cm的袖窿开深量，然后再向下量取9cm的袖裆量，过此点重新画顺后侧缝辅助线，即后侧缝线的长度。

b. 前侧缝线：首先由下摆辅助线与前侧缝辅助线的交点沿侧缝辅助线量取70cm（即A点，定出前侧缝省和兜口位置），过A点连接BP点，以BP点为圆心、此线段为半径画圆，过1cm点（由胸围线与前侧缝辅助线的交点处向前中心方向量取4cm，过此点向下摆方向作垂线1cm）在圆的轮廓上找后侧缝长剪掉70cm并相交，连接画顺，即前侧缝线。

⑨ 完成下摆线。由于本款较为适体，腰围、臀围和下摆尺寸一致，故在下摆辅助线的基础上，重新连接侧缝线至止口线的距离、侧缝线至后中心线的距离，完成下摆线。

⑩ 前、后领口。

后领口：在后片原型的基础上领宽开宽1cm点，后颈点保持不变，将该点与开宽1cm点连线后顺延0.5cm画顺，确定新的后侧颈点；前领口：在前片原型的基础上领宽开宽1cm，开深4cm，重新连接画顺并延长至止口线上。

⑪ 后肩斜线。在原型的后肩端点向上垂直抬升1cm点，作为垫肩的厚度量，然后由后领开宽1cm点相连并延长2cm（后肩端点），确定后肩斜线（X）。

⑫ 前肩斜线。在原型的前肩端点向上垂直抬升0.7cm点，作为垫肩的厚度量，然后由新的前侧颈点与此点相连并延长，确保前肩斜线与后肩斜线（X）长度一致。

⑬ 后袖外缝线。在后肩斜线的基础上，向侧缝方向延长15cm并作垂线（1.5cm），然后连接肩端点和1.5cm点再进行延长，在其线上量取袖长60cm；再由后领口弧线延长出0.5cm点至肩端点、袖长用弧线重新画顺，即后袖外缝线。

⑭ 后袖口线。在后袖外缝线的端点处作垂线，量取后袖口大14cm。

⑮ 后袖内缝辅助线。将后袖口大点与4cm点（由胸围线与后侧缝辅助线的交点处向下摆方向量取4cm的袖窿开深量）相连，即后袖内缝辅助线。

⑯ 后袖裆的绘制。本款袖裆为前后袖裆一体型，前后袖裆各两个边。过 9cm 的袖裆量向原型的后袖窿线上找 15cm 点（○点），再过○点向后袖内缝辅助线上找 13cm 点，即后袖裆的两个边。

⑰ 后袖内缝线。过 13cm 点与后袖口大点相连，为保证缝制袖口的圆顺，应略向里凹，在交叉处呈直角状态。

⑱ 外翻后袖头。向后袖窿方向作一条宽 4cm 的线且平行于后袖口线，与后袖外缝线和后袖内缝线相交，在与后袖内缝线相交的基础上延长出 0.5cm 的松量，因为袖头外翻边是覆盖住袖口的，为保证袖子的平服加出松量。

⑲ 前袖外缝线。在前肩斜线的基础上，向侧缝方向延长 15cm 并作垂线（3.5cm），然后连接肩端点和 3.5cm 点再进行延长，在其线上量取袖长 60cm；再由前侧颈点至肩端点、袖长用弧线重新画顺，即前袖外缝线。

⑳ 前袖口线。在后袖外缝线的端点处作垂线，量取前袖口大 12cm。

㉑ 前袖内缝辅助线。将前袖口大点与 6.5cm 点（胸围线与前侧缝辅助线的交点处向下摆方向量取 6.5cm 的袖窿开深量）相连，即前袖内缝辅助线。

㉒ 前袖裆的绘制。本款袖裆为前后袖裆一体型，前后袖裆各两个边。过 1cm 点（D 点）在前袖内缝辅助线上找 12.5cm 点画线，再过 D 点在前侧缝线上找 15cm 点画线，即前袖裆的两个边。

㉓ 前袖内缝线。过 12.5cm 点与前袖口大点相连，为保证缝制袖口的圆顺，应略向里凹，在交叉处呈直角状态。

㉔ 外翻前袖头。向前袖窿方向作一条宽 4cm 且平行于前袖口线的线，与前袖外缝线和前袖内缝线相交，在与前袖内缝线相交的基础上，同样要延长出 0.5cm 的松量。

㉕ 后袖肘省。测量前后袖内缝线的长度，将前后差量在后袖肘部进行捏省处理。

㉖ 确定领翻折线。具体制图如图 7-22 所示。

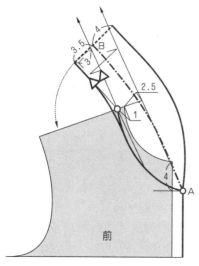

图 7-22　领子的结构图

a. 先由原型前侧颈点沿肩线放出 2.5cm，确定领翻折起点。

b. 过新的前颈点作水平线，交于止口线（A 点），确定领翻折止点。

c. 连接领翻折起点、止点，画出领翻折线。

㉗ 底领弧线。过新的侧颈点作领翻折线的平行线，以新的侧颈点为起点，量取后领弧线长（△）；然后以新的侧颈点为圆心，后领弧线长为半径画圆，本款取倒伏量 3cm，在翻折线的平行线与圆的轮廓的交点处向逆时针方向量取 3cm；倒伏量并不是一个固定的数据，它是随着翻领后领面的宽窄和翻折线下止口点的高低变化而决定的。领面越宽或者是翻折线下止口点越高，所形成的倒伏量就会越大。

反之，翻折领的领面越窄或者是翻折线下止口点越低，所形成的倒伏量就会越小。将倒伏量3cm 点与新的领口弧线相连，用弧线画顺，即底领弧线。

㉘ 翻领宽。设定：后翻领宽（领面）4cm，后底领宽（领座）3.5cm，相交处为 B 点。

㉙ 领外口弧线。过后翻领宽 4cm 点与 A 点相连，根据款式要求画出领外口弧线。

㉚ 重新修正领翻折线。过 B 点与 A 点相连，用弧线画顺，即领翻折线。

㉛ 作出贴边线。在肩线上由前侧颈点向肩点方向量取 3.5cm，在下摆线上由前门止口向侧缝方向取设计量 7cm，将两点用弧线画顺，即前片贴边。

㉜ 纽扣位的确定。本款纽扣为九个，其中第一粒纽扣距前颈点 2cm，最后一粒纽扣是由下摆线与前中心线的交点处向上量取 37cm 确定的，将第一粒纽扣和最后一粒纽扣距离平分为七等份，确定纽扣位的位置。

㉝ 眼位的画法。在纽扣位置的基础上，向止口线各偏 0.2cm ～ 0.3cm（缝纽扣时的绕线厚度），即眼位的位置。

第二步 口袋作图（口袋结构设计制图及分析）

由下摆线与前侧缝线的交点沿侧缝线向上量取 70cm（即 A 点，定出前侧缝省和兜口位置），过 A 点作侧缝线的垂线，水平量取 4.5cm 定出双嵌线的开口起点（B 点），过 4.5cm 点作垂线，量取袋口大辅助线 14.5cm，再作袋口大点的垂线，向侧缝方向量取 1cm 的偏斜量（C点），这样更符合手掏兜的动作；最后连接 B、C 两点，确定袋口大，具体制图如图 7–23 所示。

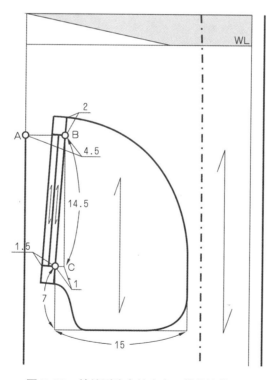

图 7–23　袖裆型连身袖大衣口袋的结构图

第三步　袖裆作图

袖裆制图方法和步骤如图 7-24 所示。

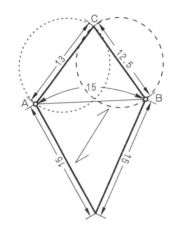

图 7-24　袖裆型连身袖大衣袖裆结构图

① 袖裆宽线。先绘制一条 15cm 的水平线，两端即 A 点和 B 点。

② 下袖裆。在袖裆宽线的基础上，向下绘制下袖裆的两边各 15cm，即等腰三角形。

③ 上袖裆。在袖裆宽线的基础上，向上绘制上袖裆的两边 13cm 和 12.5cm，交于 C 点。

四、修正纸样

1. 完成结构处理图

基本造型纸样绘制之后，就要依据生产要求对纸样进行结构处理图的绘制。完成对外翻袖头的修正、对成衣裁片的整合，如图 7-25 所示。

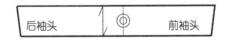

图 7-25　袖裆型连身袖大衣外翻袖头的修正

2. 裁片的复核修正

对于本款袖裆型连身袖大衣，凡是有缝合的部位均需复核修正，如领口、下摆、侧缝、袖缝等等。

五、工业样板

本款袖裆型连身袖大衣工业样板的制作 如图 6-26 ～图 6-32 所示。

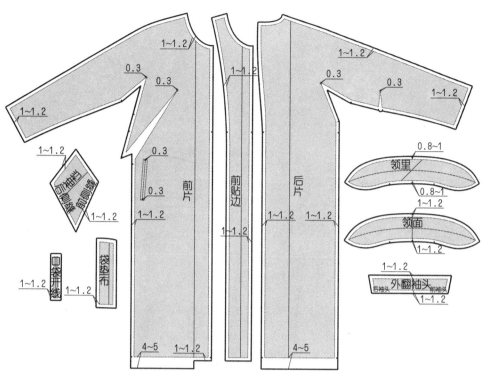

图 7-26 袖裆型连身袖大衣面板的缝份加放

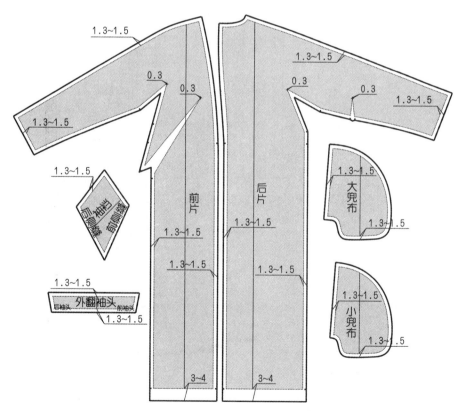

图 7-27 袖裆型连身袖大衣里板的缝份加放

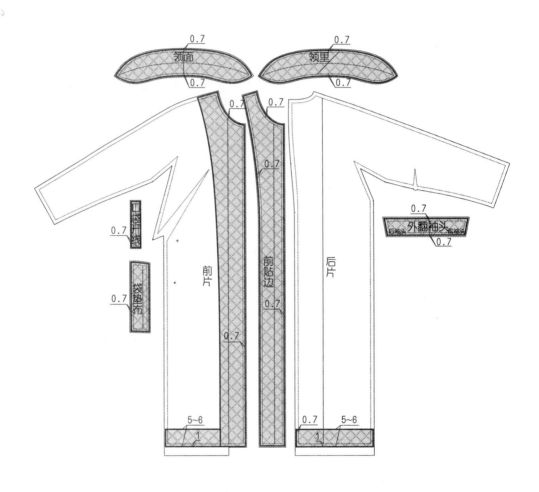

图 7-28　袖裆型连身袖大衣衬板的缝份加放

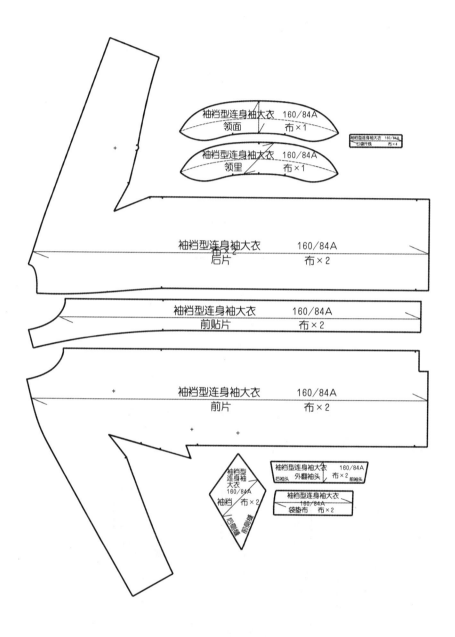

图 7-29 袖裆型连身袖大衣工业板——面板

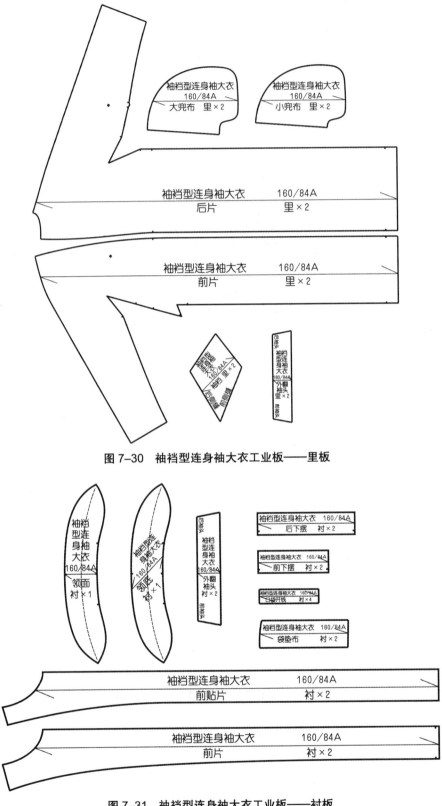

袖裆型连身袖大衣
160/84A
大兜布 里×2

袖裆型连身袖大衣
160/84A
小兜布 里×2

袖裆型连身袖大衣 160/84A
后片 里×2

袖裆型连身袖大衣 160/84A
前片 里×2

图 7-30 袖裆型连身袖大衣工业板——里板

袖裆型连身袖大衣 160/84A
后下摆 衬×2

袖裆型连身袖大衣 160/84A
前下摆 衬×2

袖裆型连身袖大衣 160/84A
口袋开线 衬×4

袖裆型连身袖大衣 160/84A
袋垫布 衬×2

袖裆型连身袖大衣 160/84A
前贴片 衬×2

袖裆型连身袖大衣 160/84A
前片 衬×2

图 7-31 袖裆型连身袖大衣工业板——衬板

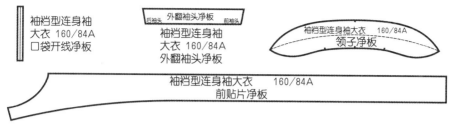

图 7-32　袖裆型连身袖大衣工业板——净板

思考题

1. 结合所学的大衣结构原理和技巧设计一款大衣，要求以 1:1 的比例制图，并完成全套工业样板。

2. 课后进行市场调研，认识大衣流行的款式和面料，认真研究近年来大衣样板的变化与发展，自行设计两款流行的大衣款式，要求以 1:5 的比例制图，并完成全套工业样板。

绘图要求

服装尺寸设定合理；制图结构合理；款式设计创意感强；结构图严谨、规范，线条圆顺；标识使用准确；尺寸绘制准确；特殊符号使用正确；结构图与款式图相吻合；毛净板齐全，分类准确；作业整洁。

第八章 晚礼服结构设计

【学习目标】

    1. 掌握晚礼服各部位尺寸的设计要求；

    2. 掌握晚礼服中分割线和省的运用以及胸部结构的设计方法；

    3. 掌握晚礼服的设计规律及变化技巧；

    4. 掌握晚礼服结构纸样中净板、毛板和衬板的处理方法。

【能力目标】

    1. 能根据晚礼服的具体款式进行材料选择，并能根据具体人体尺寸进行设计；

    2. 能正确运用女晚礼服中的分割线和省等设计元素；

    3. 能根据人体体型特点进行女晚礼服的结构制图；

    4. 能根据晚礼服的具体款式进行制板，既符合款式要求，又符合工艺制作需要。

第一节 晚礼服概述

一、晚礼服的产生与发展

1. 晚礼服简介

晚礼服作为女性在晚上穿用的正式礼服，是女式礼服中档次最高、最具特色、能充分展示个性的礼服样式。常与披肩、外套、斗篷之类的衣服相配，与华美的装饰手套等共同构成整体装束效果。

2. 晚礼服的演变

西方文化在近现代开始逐渐渗透到我国的广大地区。由于各国列强的入侵，洋礼服、西裙、眼镜、发卡、纽扣、怀表以及手摇缝纫机等，成为大家贵族（也包括皇族）追逐的时尚。1912 年辛亥革命后，出现了奇怪的婚礼服。新郎依旧长袍马褂，甚至披红戴花，礼帽上插着类同旧时状元的帽花，而新娘却是一套西式婚纱礼服，虽说有些不符合常规，但在当时被称为"文明婚姻"，在婚礼仪式和服饰上确实有着改良的意味。

20 世纪 20 年代，由学生掀起了一股"文明新装"风，以旗袍显示腰身，袍长缩短，露出小腿。经过改良的很合体的旗袍作为礼服在我国比较盛行。

如今，随着经济全球化的进程，中西服饰文化融合趋势也空前加强。中国服装界正在努力同世界接轨，走一条时尚与具有民族特色的道路，在传统服饰设计中融入西方时尚元素，与此同时，中国元素正在影响着全球时装界的发展。

二、女式晚礼服的分类

1. 按女式晚礼服的风格分类

服装的外观风格特征及穿着性能归根结底是由材料结构特征及性能所决定的。不同材料具有不同的特征，不同的特征会给人不同的感受。有人说服装是穿在身上的雕塑，作为服装构成基本要素的面料，就同雕塑的材料一样，也会因特性的差异产生不同的联想。如丝绸质地柔软、滑爽、闪光，会有轻盈、飘逸、婀娜的特点；光皮质地紧密、硬朗、挺括，就会有粗犷、豪放、坚强的特点。一些男性喜欢穿丝绸制作的服装，就是想使自己兼具一些阴柔之美，而一些女性喜欢穿着皮革制作的服装，则是想使自己兼具一些阳刚之气。材质决定了它的质感，不同的质感给人以不同的心理感觉，体现出不同的穿着风格。

2. 按女式晚礼服的外轮廓分类

① 直筒型晚礼服。外形较为宽松，不强调人体曲线，在下摆处略微收进，呈直线外轮廓造型，也可称为箱型轮廓。

② 合体兼喇叭形晚礼服。上身贴合人体，腰线以下呈喇叭状，是晚礼服基本的款式。

③ 梯型晚礼服。肩宽较窄，从胸部到底摆自然加入喇叭量，晚礼服底摆较大，整体呈梯形。

④ 倒三角形晚礼服。上半身的肩部较宽，在底摆的方向衣身逐渐变窄，整体呈倒立的三角形。

3. 按女式晚礼服的分割线分类

晚礼服分割线分为两种，一种是按晚礼服水平方向的分割线进行划分，一种是按纵向分割线进行划分。晚礼服中水平方向的分割线属于接腰型晚礼服，其中包括标准型、低腰型、高腰型。

① 标准型女式晚礼服。指晚礼服在腰部最细处进行分割，这种款式是晚礼服最基本的分割方式。

② 高腰型女式晚礼服。指在正常腰围线与胸围线之间进行分割，分割线以上是设计的重点。

③ 低腰型女式晚礼服。指在正常腰围线以下进行分割，如果分割线的位置低至腰部以下、臀围线处，即低腰造型的晚礼服。

三、晚礼服的面料、辅料

1. 面料的选择

女式晚礼服的面料主要有绫类丝绸、罗类丝绸、缎类丝绸、绢类丝绸、电力纺、富春纺、乔其纱等。考虑到晚礼服属于高级成衣，面料的选择较为重要，需要注意以下几个方面：

① 女式晚礼服的材料应符合穿着场合。由于晚礼服注重展现富丽堂皇、雍容华贵的气质，

多选用光泽面料来显示服装的华贵，如金银线与化纤纱交结织物、锦缎、高光缎等。晚礼服的面料如果是棉织物，会显得与晚会的场合和气氛不相协调，因为棉织物本身在外观上具有朴素的特点，而晚会的装束要求豪华、富丽。若是化妆晚会，则讲究灵巧的构思和奇特的灵感，如水果、橡胶、塑料、皮革和金属制品等材料均可使用。

② 女式晚礼服材料的选择还应考虑穿着对象的身份及年龄。出席一次盛大音乐会，各国领导人夫人选择的女式晚礼服材料通常都不是普通面料。同样由于不同年龄层的审美不一样，对面料的需求也是不同的。

③ 由于社会文化背景的不同，在女式晚礼服上材料的运用上也是不同的。不同的国家、不同的民族、不同的地域会有不同的穿着文化和需求。

④ 晚礼服面料的选择应考虑款式的需要。轮廓及其风格的形成与面料的质地、形态有极大的关系。厚重的面料会产生粗重的线条，轻薄的面料则能流露出轻盈的线条，硬挺与柔软的面料所表现的轮廓各不相同。

2. 辅料的选择

① 里料的选择。根据不同的服装形态，应选用不同的里料来与之相适应，乔其纱、真丝是常用的里料。

② 衬料的选择。晚礼服需要考虑透气性，衬料往往选用薄布衬或薄纸衬，防止服装衣片出现拉长、下垂等变形。

③ 其它辅料的选择。除拉链外，女式晚礼服还有很多装饰用的辅料，比如花边、蕾丝、丝带、珠片等。

第二节　女式晚礼服结构设计实例

一、款式说明

本款女式礼服为有肩带无背式长裙晚礼服，露肩背，两个肩带连接前后衣片，前片领口处为 V 字领型并低至胸围线以下。前高腰曲线分割，前胸在乳下围做省；腰部有断缝，紧身形结构。胸部结构的处理是本款女式晚礼服结构设计的重点，如图 8-1 所示。

腰线以下裙身为三片结构，收腰放摆，后中缝开口并装拉链。女式晚礼服面料一般会采用华丽的绸缎、塔夫绸、丝绒、丝光棉等，手感柔软舒适，保形性优良，吸湿透气性好、不缩水不起皱，并且易洗快干，也可使用丝质化纤面料。

此款女式晚礼服造型简单而大气，可不衬裙撑穿用，礼服的长短可根据款式设计的要求及穿着者的爱好而定。晚礼服的里料一般为 100% 醋酸绸，属高档仿真丝面料，色泽艳丽，手感爽滑，不易起皱，不起静电，保形性良好。

① 衣身构成：属于分割线造型的十片衣身结构，衣长在腰围线以下94～98cm。

② 领：前领口为 V 字领型，后片为无背式，前直开领开深较深。

③ 肩带：前肩带连接至腋下部位，宽度为 4cm，后肩带连接至后中片上；肩带的宽度和长度可根据不同的款式和需求而变化。

④ 胸部：由于女式礼服为紧身型结构，胸部的造型处理极其关键，要符合女性胸部的形态特点。在本款中，将罩杯向上和向前中心方向挪动 2cm，使胸部向前中心聚拢，产生优美的造型。

⑤ 腰：在前后腰部断开并做拼合处理，然后在上下衣片进行收省来解决胸凸量的问题。

⑥ 下摆：下摆为宽松式，平滑且呈喇叭形。

⑦ 后背：将后中片的后中心点作为装拉链的起点，到臀围线向上 3cm 作为装拉链的终点，其间缝合拉链要顺畅、自然。

二、面料、里料、辅料的准备

1. 面料

幅宽：144cm、150cm 、165cm。

估算方法：（裙长 + 缝份 10cm）×2，需要对花对格时适量追加。

2. 里料

幅宽：90cm 或 112cm。估算方法：裙长 ×3。

3. 辅料

① 薄黏合衬。幅宽为 90cm 或 112cm ，用于前、后片肩带，前、后领贴边。

② 拉链。缝合于后中心线上的隐形拉链，长度在 30cm 左右，颜色应与面料色彩相一致。

图 8-1 女式晚礼服结构效果图、款式图

三、作图

准备好制图的工具和作图纸，制图线和符号要按照制图要求正确画出。

1. 制定成衣尺寸

成衣规格：160/84A，依据是我国使用的女装号型 GB/T1335.2—2008《服装号型　女子》。基准测量部位以及参考尺寸如表 8–1 所示。

表8–1　女式晚礼服成衣系列规格表

单位：cm

规格 \ 名称	裙长	胸围	腰围	臀围	下摆大
155/80(S)	134	80	66	92	116
160/84(M)	136	84	70	96	120
165/88(L)	138	88	74	100	124
170/92(XL)	140	92	78	104	128

2. 制图步骤

女式晚礼服（属于四片结构的基本纸样）是应用上衣原型和 A 字裙按一定的机能性要求做出的女式晚礼服基本型纸样，这里将根据图例分步骤进行制图说明，如图 8–2 所示。

第一步　建立成衣的框架结构：确定胸凸量（横向）

结构制图的第一步十分重要，要根据款式分析结构需求，本款式第一步仍是解决胸凸量的问题，如图 8–3 所示。

① 作出衣长。由款式图分析该款式为紧身型女式晚礼服，在腰部断开，分成上下两部分。放置后身原型，在后中心线垂直交叉作出腰围线，由原型的后中心线与胸围线的交点向下 4cm，作为后中片的后中心点；为了将人的视线拉长，女性身材显得修长，在原型的腰线上上抬 2cm 定出一点，将后中心点与该点相连作为上衣的背长。从原型的腰节线垂直向下量取裙长，并作出裙子下摆的辅助线。

② 作出胸围线。根据女式晚礼服的款式要求，上身为紧身造型。前、后片由原型后胸围线作出水平线，在前后侧缝处去掉原型的胸围放量 10cm。

③ 作出腰线。由原型后腰线作出水平线，将前腰线与后腰线复位在同一条线上。根据款式要求，在原型的腰线上上抬 2cm 作水平线，作为新的腰节线。

④ 作出臀围线。从腰围线向下取腰长 18cm，作出水平线，成为臀围线，以上三条围线是平行状态。

⑤ 腰线对位。在腰围线放置前身原型。本款式采用的是胸凸量转移的腰线对位方法。

⑥ 绘制胸凸量。根据胸腰的差量，绘制至胸点的胸部下的胸凸省量。

⑦ 解决胸凸量。将原型腰线上抬 2cm 后的新腰节线与原型前片腰节省的两个边相交；由原型的前中心线与新腰线的交点向上量取 12cm，作为上衣分割的起点，另一端点至侧缝

线上任取一点（3cm ~ 5cm左右），将这两点连接画顺，但要符合款式的要求，即形成上衣胸部的分割线，由这条分割线与原型省的两边相交，作为本款礼服的胸省。

考虑到女式晚礼服的紧身性和女性特殊的形体特点，并要展现出优美的造型，将BP点、罩杯和分割后的省量转移，向前中心和向上移动2cm，画顺；分割后的下片为前中片，前中片的省也作为本款礼服的腰省，将进行拼合处理，拼合后的分割线要顺畅，线条饱满，如图8-4所示。

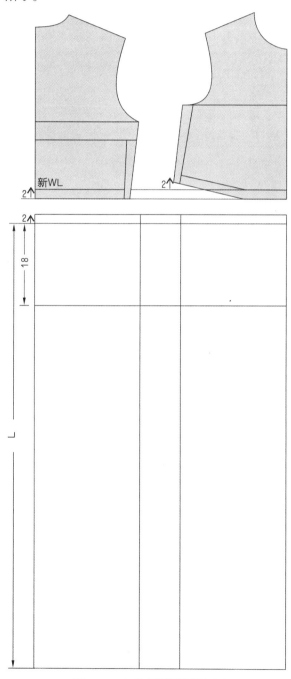

图 8-2　女式晚礼服结构框架图

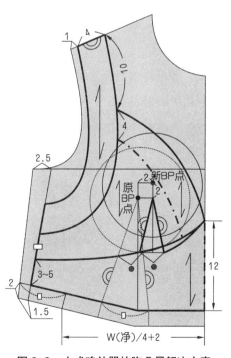

图 8-3　女式晚礼服的胸凸量解决方案

第二步 衣身作图

① 衣长。该款式为紧身女式晚礼服，在腰部断开，分成上下两部分。放置后身原型，由原型的后中心线与胸围线的交点向下 4cm，作为后中片的后中心点；为了使女性身材显得修长，在原型的腰线上上抬 2cm 定出一点，将后中心点与该点相连作为后中片的后中线。从原型的腰节线与后中线的交点垂直向下量至裙长 98cm，并一一作出水平线，即上衣的腰围线和裙子下摆的辅助线，如图 8-4 所示。

② 胸围。根据款式和设计的要求，适当收一定的松量，本款中在原型的胸围上收量 10cm。在前后片的侧缝处各收 2.5cm，这样更加符合女式晚礼服的紧身造型。

③ 腰围。根据款式要求，将该款式分割分为上衣部分和裙子部分，在腰部分割并要进行拼合处理。为了使身材显得修长，在原型的腰线基础上向上 2cm 得到新的腰线；由于女式晚礼服为紧身型，胸围部分要用净体尺寸，为了活动的方便，而在腰围部分净体尺寸的基础上最少放量 2cm 的呼吸量，所以在原型腰围尺寸放 8cm 松量的基础上，每片去掉原型腰围尺寸 1.5cm。

a. 裙子部分的腰围在新的腰围线上是按照 W（净）/4+4cm（省量）+0.5cm 来定的，在裙子的前后片腰部分别收两个省，省量大小各为 2cm。出于对女体腰部的生理曲线的考虑，为了使裙子穿着后更合身，在裙子后中心下落 1cm，使后侧缝起翘与侧缝成直角，并画顺。

b. 在上衣部分的新腰线上，从后中心到省的距离可作为设计量，根据不同的款式要求和穿着者的喜好而定。上衣和裙子部分在腰部的拼接要作为一个重点，画好各省以后，要保证上衣部分的腰围和裙子部分的腰围尺寸一致，缝合要顺畅，腰围线也要对位。

④ 臀围。通过腰长 18cm 点量取前、后裙片的臀围尺寸 H（净）/4+1.5cm 并画出，由于本款裙的裙摆为喇叭型，故无需过多考虑臀围尺寸。

⑤ 肩带宽。本款女式晚礼服肩带的宽度和位置要根据款式设计的要求和穿着者的喜好而定，肩带位置的确定会影响穿着者的舒适性；同时要保证穿着者着装后肩带不下滑，与人体肩部相服帖。

a. 后肩带宽：从领口结构图看出，后片在原型肩线上由肩端点上沿肩线向后中心线方向取 3cm 点，由该点再量取 4cm 作为后肩带宽。

b. 前肩带宽：同样从领口结构图看出，前片在原型肩线上由肩端点上沿肩线向前中心线方向进去 1cm 点，由该点再量取 4cm 作为前肩带宽。

⑥ 作出肩带弧线。

a. 后肩带弧线：在侧缝线与后中片的交点向后中心线方向量取 10cm 作为一个交点，再量肩带宽 4cm 作为另一个交点，将这两个交点和肩线的两个交点相连接，用弧线画顺，即后肩带弧线。

b. 前肩带弧线：由前片的新腰围线与侧缝线的交点处沿侧缝量取与后中片长度一致的数值，定出前片腋下点，由腋下点向下量取肩带宽 4cm，通过腋下点和 4cm 点与肩线上的两个点相连接，并用弧线画顺，即前肩带弧线。

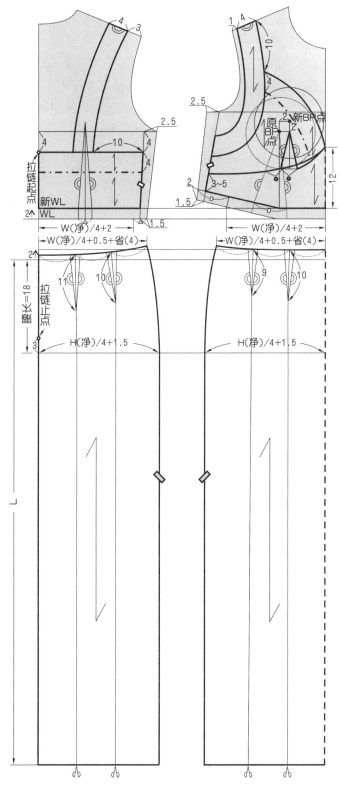

图 8-4　女式晚礼服结构图

⑦ 领口。本款式为无领的结构设计，前领口为 V 字领型并低至胸围线以下，但要掌握开深的程度；后片为无领，无背式，用两条肩带将前、后衣片相连，展现了女性的魅力。

领口线要根据款式的变化，掌握前领深的极限量。横开领点是服装中的着力点，其最大的开量不能超过肩端点，开深的尺寸范围是以不过分暴露为原则。在夏季连衣裙的设计中，通常控制在不要超过由前颈点向下取 12cm 的位置点。本款礼服前片领口是从新腰节线上上抬 12cm 作为前领中心点（A 点），由前肩带宽 C 点向下量取 10cm 作为 B 点，将 A 点与 B 点用弧线画顺，即前领口弧线；但后衣片为无领口，无背式造型，最深可到腰线。在本款女式晚礼服中，后中片的松量要适中，与肩带相缝合，如图 8-5 所示。扩宽领口以肩点作为极限，有时胸部以上全部暴露，领口也就不复存在了，华丽的晚礼服多采用这种结构，这时要用一种绝对紧胸的尺寸，使胸部固定。

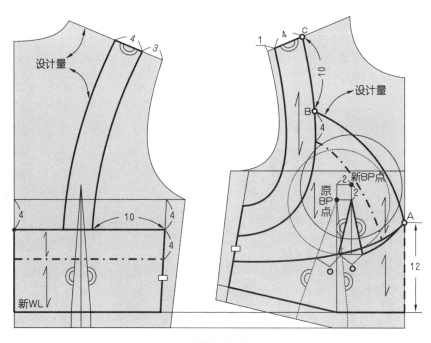

图 8-5　女式晚礼服领口结构设计

⑧ 作出上衣腰省。腰省位置作为一个设计量，根据款式而定，距后中心较近，显得体型瘦长，反之则显得体型矮胖；在新的腰线上找到省的中线，与其垂直，并按腰围的成衣尺寸和胸腰差的比例分配方法来处理。

a. 在后腰线上按照 W（净）/4+2cm 作为后腰围线，用弧线画顺，线条要饱满。

b. 在前腰线上按照 W（净）/4++2cm 作为前腰围线，用弧线画顺，线条要饱满。

⑨ 完成上衣侧缝线。按腰臀的成衣尺寸和胸腰差的比例分配方法，前后侧缝线的状态要根据人体曲线设置，保证前后侧缝的长度一致。

⑩ 作出裙腰省。在新的腰节线上，按照 W（净）/4+0.5cm+ 省（4cm）作为前、后片的腰围，

在前后腰围线上三等分，各收两个省；在后片距后中线较近的省长（11cm）略大于另一个省长（10cm），在前片距前中线较近的省长为10cm，另一个省长为9cm，画出省长并过省尖点作出下摆辅助线的垂线，通过此线剪开加大放量；根据人体形态的特点，在裙子后中心下落1cm，并在前后两侧起翘，垂直于侧缝线，缝合时要保持顺畅。

⑪ 作出裙子前、后侧缝线。将裙腰的前后侧缝点与臀围宽点相连，并延长至下摆辅助线，用弧线画顺，即裙子前、后侧缝线。然后通过前、后裙片的剪开线剪开放量，作为裙摆的松量。根据款式的不同，下摆的放量也作为一个设计量，保证前后裙子的侧缝长度一致。

⑫ 作出拉链定位点。将后中片的后中心点作为拉链的起点；将臀围线与后中线的交点向上3cm所得一点作为拉链的终点。

⑬ 作出上衣贴边线。需要说明的是贴边线在绘制时，要尽量保证减小曲度，防止不易与里料缝合，也使里料易于裁剪，可以保证一段与布纹方向一致。

a. 后中片贴边：在后中片上端量取宽度为4cm的贴边宽，均匀画顺至后侧缝。

b. 前领口贴边：在新生成的前领口处向下平行测量4cm宽，作为前片贴边的宽度，均匀画顺至前肩线，线条要圆顺、饱满。

四、修正纸样

1. 完成结构处理图

基本造型纸样绘制之后，就要依据生产要求对纸样进行结构处理图的绘制。完成对裙摆修正的整合，如图8–6、图8–7所示。

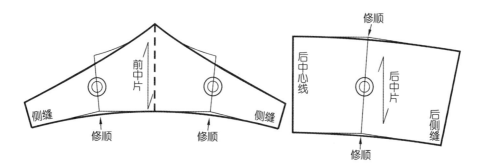

图8–6 女式晚礼服前中片、后中片的修正

2. 裁片的复核修正

对于本款女式晚礼服，凡是有缝合的部位均需复核修正，如前腰线、领口、后中片、下摆、侧缝等。

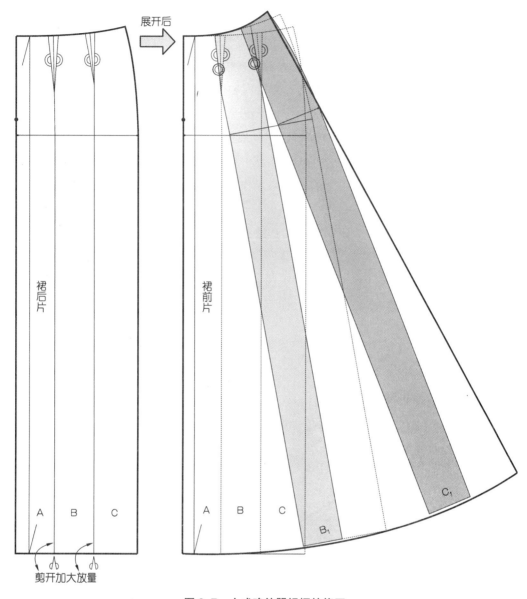

展开后

剪开加大放量

图 8-7　女式晚礼服裙摆的修正

五、工业样板

本款女式晚礼服工业样板的制作，如图 8-8 ～图 8-10 所示。

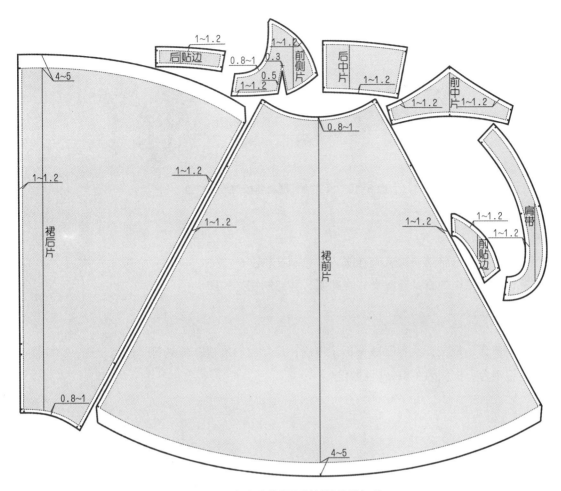

图 8-8　女式晚礼服面料板的缝份加放

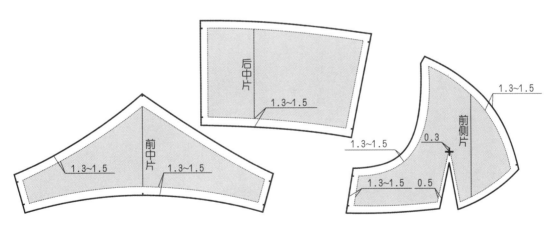

图 8-9　女式晚礼服里料板的缝份加放

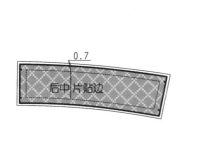
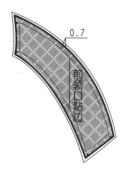

图 8–10　女式晚礼服衬料板的缝份加放

思考题

　1. 设计一款吊带丝质女式晚礼服，并绘制结构图。

　2. 设计一款中式直身开衩女式晚礼服，并绘制裙结构图。

绘图要求

　构图严谨、规范，线条圆顺；标识准确；尺寸绘制准确；特殊符号使用正确；结构图与款式图相吻合；比例为 1:5；作业整洁。